地球にやさしい「本当のエコ」

苫米地英人
認知科学者／カーネギーメロン大学博士

CYZO

第3章　グローバルに展開されるエコビジネス

第4章　CO_2を本気で削減するための林業復活プロジェクト

はじめに

地球温暖化問題は待ったなしの状態だと言われる。

たしかに、感覚としても以前より夏は暑い日が多くなり、冬は凍えるほどの寒さを感じる日が減ったように思う。

特に夏には、以前はなかった「猛暑日」なる概念が現れ、東京でも8月中旬などは「猛暑日」になるのが当たり前のようにもなっている。

毎年のようにやってくる豪雨災害や台風の大型化も、この地球温暖化が原因だと言われている。

地球温暖化の最大の原因は「グリーンハウス・エフェクト（温室効果）」であるとされている。

そして、二酸化炭素（CO^2）がこれに最も大きな影響を与える「温室効果ガス」

であるというのも、もはや世界の常識になっているようだ。

ただ、地球温暖化に関してはいろいろな議論がある。

そもそも本当に地球は、長期的には温暖化しているのか。豪雨災害や台風被害の原因は、本当に地球温暖化によるものなのか。実際に地球は温暖化しているとして、その原因は本当に「温室効果」なのか。原因が温室効果だとしても、温室効果の原因は本当にCO_2なのか。つまり、CO_2さえ減らせば、地球温暖化は解決されるのか。

しかしながら、この議論を始めるとおそらく本1冊では済まなくなるだろうし、議論を進めたとしても、結局は結論が出ないということにもなりかねない。

多くの専門家が研究し、議論して「地球温暖化の原因は温室効果であり、CO_2は最大の温室効果ガスである」との結論（現時点での）を出しているのであれば、本書ではそもそも論の議論は脇に置いて、この結論を受け入れる形で話を進めていくことにする。

少なくとも「地球が温暖化している」ことに関しては、多くの人が「そのとおり」

と言うはずだ。

肌でも実感できるし、平均気温などのデータもそれを証明している。

その主な原因がCO_2であると専門家の多くが言うのであれば、とりあえずCO_2を減らしてみようという動きも否定すべきものとは言えないだろう。

本書ではこの立場で話を進めていく。


ただ、こうした結論を受け入れた上でも、いわゆる「エコロジー」に関する政策、「脱炭素」などと言われる動きには、首をかしげざるを得ないケースが多い。

そんなことをして、本当に脱炭素につながるのか。

それをやることでCO_2が減るとなぜ言えるのか。

そこがあいまいなまま、イメージ先行で政策が進められているようにも見える。

具体的な話はこのあとの各章で詳しく述べるが、「エコロジー（エコ）」を隠れ蓑にしつつ、実は「ビジネス」の拡大だけが目的なのではないかと思われる政策が数多く見られるのだ。

そんなことでは、本当の意味での地球環境は守れない。

「環境にいいから」と言われてやったことが、実はほんのごく一部の、ずるいビジネスマンたちを儲けさせるだけだったとしたら、それは感情的に許しがたいだけでなく、多くの実害を生むことになる。

日本における自然災害は収まるどころか、いっそうひどくなるかもしれない。そうした自然災害によって、毎年のように、多くの命が奪われることになるかもしれない。

このような事態は一刻も早く改善されねばなるまい。

そこで本書ではまず、エコロジー的とされる政策、施策が、本当はどこまでエコなのかについて検証するとともに、その背後に見える「ずるい」ビジネスマンたちにも言及する。

その上で、「本当のエコロジー」「本当の脱炭素」のためにはどのようなことをすべきかについて考えていく。

私が考える「本当の脱炭素」について、先にここで結論だけを言っておくと、それは「植物」「林業」ということになる。

さらに、「本当の脱炭素」実現のための提言、また日本が本当の意味での「エコロジー大国（エコ大国）」となるための施策について、最終章で述べていきたい。

これらが実現、普及していけば、日本は世界中からリスペクトされる、本当の「エコロジー大国」になれるはずだ。

なお、本書の執筆にあたり、エコロジーとデジタル通貨のコラボレーション等、私にさまざまなインスピレーションを与えてくれた、炭素回収技術研究機構（CRRA）代表理事・機構長の村木風海氏に謝辞を申し上げたいと思う。

2021年8月　苫米地英人

第1章

エコロジーのウソ

突如、出てきたガソリン車ゼロ政策

２０２０年12月、自動車業界に衝撃が走った。

「政府が２０３０年代半ばまでに、ガソリンだけで走る新車の販売をゼロにすることを検討中」というニュースがメディアを駆け巡ったのだ。

「目標」ではなく、「販売禁止」（つまり義務）になるという。

政府が進める「２０５０年カーボンニュートラル」の一環とのことだが、この「２０５０年カーボンニュートラル」の方針の中には、当初「ガソリン車ゼロ」などという方向性は一切なかった。

さらに東京都の小池百合子都知事も、この政府の方針に呼応するように「２０３０年までにガソリンエンジンだけの車の販売をなくして、すべて電動車にする」という方針を打ち出した。

突然、降って湧いたように出てきた政策は、自動車業界に大いなる緊張をもたらした。

このニュースにすぐに反応したのは、トヨタ自動車の豊田章男社長だった。

オンライン記者会見を開き、「電気自動車（ＥＶ）を急速に普及させても、現在、化石燃料主体の電力供給や生産過程で二酸化炭素（ＣＯ２）が排出される」と説明するなど、政府、東京都の政策を批判し、反対の意思を表明した。

だが、政府の方針は揺るがなかった。

年が明けた２０２１年１月の通常国会での施政方針演説で、菅義偉首相は「２０３５年までに新車販売で電動車１００％を実現する」と述べた。

これまでの「２０３０年代半ば」という言い方も「２０３５年」とし、達成時期をはっきりと示した。


なぜこんな政策が突然出てきたのかについては次章で詳しく述べるので、ここではこの政策がいかに愚策であるかについて見ていきたい。

まず「エコ」うんぬんの前に、この「ガソリン車ゼロ」政策は日本経済にとんでもない負のインパクトを与えるという意味で、愚策中の愚策であると断言する。

その最大の問題点は、これまで日本の自動車企業が長年にわたって積み上げてきた自動車技術がすべて無に帰してしまうということだ。

自動車の登場以来、ガソリン車やハイブリッド車は非常に多くの技術革新の積み重ねによって進化してきた。

ガソリン車はまさに技術の粋を集めたマシンなのである。

このガソリン車の技術は、日本のメーカーが飛び抜けて進んでいる。

日本の自動車が海外で人気を集めているのも、そうした飛び抜けた技術によるところが大きい。

しかし、ガソリン車やハイブリッド車（HV）が販売禁止となり、電気自動車（EV）、水素自動車（燃料電池自動車：FCV）しかつくれなくなると、これまで積み上げてきた自動車技術の多くは、いらなくなってしまう。

はっきり言うが、EVやFCVといった自動車には、ガソリン車で使われているような、細かくて非常に進んだ技術はほとんどいらない。

小学校の図工や中学校の技術家庭の課題で、電気で動く自動車の模型などをつくったことがある人ならわかると思うが、電気で動く自動車のパーツはとても少なく、モーターと車輪があれば動いてしまうという、とても簡単な作りになっている。

また、鉄道模型を動かしたことがある人も、容易に想像できるかもしれない。必要な技術といえば、電力量のコントロールだけと言ってもいい。

電池、モーター、車体の軽量化などの部分に技術の進歩は必要になるだろうが、これまで積み上げてきたガソリン車の技術に比べれば、「誰にでもつくれる」レベルと言っても過言ではあるまい。

ガソリン車は約3万の部品からなり、これらすべてがピストン運動するエンジンの振動と協調して動く。

もちろん、これまでガソリン車の高度な技術部分に携わる仕事をしていた人たちは職を失うことになる。

能天気な人は「EVなどの生産に移行すればいい」などと言うかもしれないが、誰にでもできるような簡単な技術を扱う仕事を、これまでほとんど何の経験も技術も身につけてこなかった人たちと取り合うことになる。

当然、賃金も安くなるだろう。

日本の優れた自動車生産の技術は、大手自動車会社だけでなく、その下請け、孫請け、曾孫請けといった中小の町工場レベルに依存する部分も大きい。

こうした町工場はすべて廃業せざるを得なくなる。町には失業者が溢れることになるだろう。

EVなど、難しい技術のいらない自動車が主流になると、飛び抜けてすばらしい技術を持つがゆえに海外でも人気の高かった日本車の優位性は一気に崩れる。

つまり、日本車メーカーは今後、次々と現れるであろう小さな自動車会社と同じ土俵でマーケットを奪い合うことになる。

大規模生産の優位性も薄れていくことになるので、企業規模を縮小し、コスト削減に力を入れていくようになる。

もちろん、技術投資、人材投資などしない。

ひたすら、安い製品をつくることにのみ注力していくことになる。

蓄積されてきた技術は、エンジンやトランスミッション等、メカニカルな部分だけではない。

車体（ボディ）の強度と軽さの両立、あるいは運転時の居住性などのきめ細かな部分にも及んでいる。

それが「安いだけ」といった理由で、技術の蓄積のない新規参入メーカーが市場を席巻するようになれば、そうしたきめ細かな（お金のかかる）技術は顧みられなくなってしまうだろう。

これは伝え聞いた話だが、のちに詳しく述べる「テスラ」の電気自動車は、当初、ドアを閉めても、ボディとの間に段差がある代物だったそうだ。

トヨタなどではあり得ない。

それでもテスラは売れてしまう。

後に詳述するが、彼らの発想は「最初は試作で徐々に改良していけばよい」というものだ。

いわゆる「シリコンバレー方式」で、自動車もソフトウェアのように、「不具合が見つかるたびに、アップデートしていけばいいいだけだ」と考えているのだ。

ソフトウェアはそれでいいかもしれないが、自動車ははたしてそれでいいのか。アップデートと言っても、すでに買った人の車を交換してくれるわけではない。不具合だらけの初号機を買わされたユーザーは、修理しながらその車に乗り続けなければならない。

そんないい加減な車に市場を席捲されてしまうとしたら、これまで地道に技術力を蓄えてきたメーカー、工場の人たちにとっては耐え難いことに違いない。

日本経済はいま、自動車産業に負っている部分が非常に大きい。トヨタ自動車一社だけで、2020年3月期決算で、売上高約30兆円、営業利益約2・5兆円である（2021年3月期は、コロナ禍で大幅に落ち込む予測だが）。ガソリン車販売が禁止になると、この金額の大部分が吹き飛んでしまうかもしれない。

少なくとも「吹き飛んでもかまわない＝日本の自動車メーカーなど倒産してもかまわない」というのが、政府の考え方だと言わざるを得ない。

菅義偉政権は「トヨタ、日産、ホンダ、三菱、スズキ、マツダ、ＳＵＢＡＲＵなどはみな潰れてしまえ」と言っているに等しいのだ。

そんなことになれば、日本経済は壊滅的な打撃を受けることになる。

菅政権の「ガソリン車禁止政策」は「日本経済壊滅政策」なのである。

電気自動車はエコじゃない

「ガソリン車禁止政策」が天下の愚策だと言い切れる理由は、それだけではない。

ガソリン車からＥＶ、ＦＣＶなどに切り替えていくことは、本当に「CO_2削減」になるのかという根本の話である。

先に断じておこう。

「ガソリン車からＥＶ、ＦＣＶなどに切り替えていくことは、かえってCO_2を増やすことになる」のだ。

先ほど、トヨタ自動車の豊田章男社長が「電気自動車（ＥＶ）を急速に普及させても、電力供給や生産過程で二酸化炭素（CO_2）が排出される」と述べたという話をした。

これは非常に重要な観点である。

「Well to Wheel」という考え方がある。

直訳すると「井戸（油田）から車輪まで」。

これは、自動車からのCO_2排出量を、石油を採掘するところから車輪を回すところまで、すべての部分で見ていこうというものだ。

これに対する考え方が「Tank to Wheel」、つまり「燃料タンクから車輪まで」というもの。

自動車の生産や燃料の採掘・輸送などに関わるCO_2排出量は計算に入れないということだ。

例えば、ＥＶは「Tank to Wheel」で見れば、確かにCO_2は出ない。

「Well to Wheel」とは？

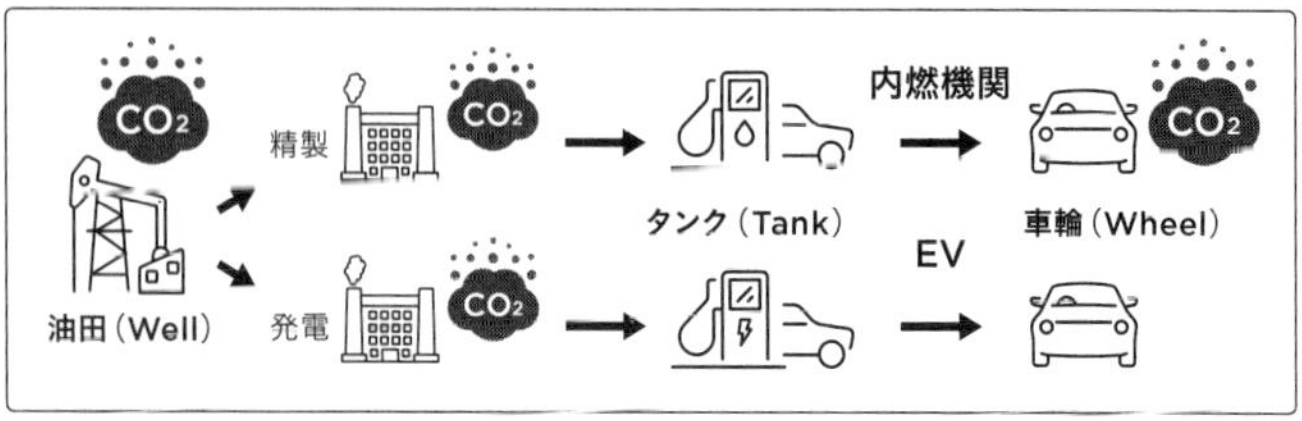

（燃料採掘から車両走行まで）

しかし、生産過程において排出される。

特に電池の生産で多くのCO_2が排出されることが知られている。

さらに、充電した電力で走るので、発電時のCO_2排出量も計算に入れる必要がある。

そうしたものをすべて計算に入れるのが「Well to Wheel」で見たCO_2排出量ということになる。

CO_2削減は「地球温暖化防止」が目的なので、「Well to Wheel」で削減されていなければまったく意味がない。

ましてや、「かえってCO_2が増える」のであれば、そんな政策は絶対にやってはいけないということになろう。


実は最近になってようやく「Well to Wheel」という考え方が世の中に浸透し始め、それにつれて、各自動車メーカーも独自に研究するようになっている。

その一例として、ここではマツダが2019年5月に発表した論文（"Estimation of CO_2 Emissions of Internal Combustion Engine Vehicle and Battery Electric Vehicle

Using LCA" Kawamoto, et al May 2019 MDPI Sustainability Foundation）に書かれた内容を紹介しよう。

この論文では、ガソリン車とバッテリー電気自動車とで、自動車生産に関わる1台あたりのCO_2排出量を比較している。それによると、ガソリン車が5493kg-CO_2、バッテリー電気自動車が1万2267kg-CO_2（うちリチウムイオン電池が6337kg-CO_2）で、バッテリー電気自動車の方が、生産時1台あたり、6774kgも多いという結果になっている。

次に見るべきは、走行によって（自動車の使用によって）CO_2排出量の多寡がどう変わるかという部分。具体的には走行時にはCO_2を出さない（ただし、充電に使用する電力の生産時に排出されるCO_2は計算に入れる）バッテリー電気自動車と走行時にCO_2を排出するガソリン車の排出量の差が、どの時点で逆転するか（しないのか）ということだ。

マツダの論文によれば、バッテリー電気自動車のCO_2排出量がガソリン車のそれよりも少なくなるのは、それぞれが11万1511km走ったあとからだという。

自動車生産に関わる1台あたりのCO_2排出量

ガソリン車（GE） 車体＋ガソリン＋トランスミッション	**5493kg-CO_2**
バッテリー電気自動車（BEV） 車体＋リチウムイオン電池＋ モーター＋インバーター	**12267kg-CO_2** （うちリチウムイオン電池が 6337kg-CO_2）

マツダによる2019年5月論文より

それまではガソリン車の方が、CO_2排出量が少ない（バッテリー電気自動車の方が排出量が多い）という。

そこからは走れば走るほど、バッテリー電気自動車の排出量の方が少なくなるのだが、実はここで一つ、見逃してはいけない落とし穴がある。

約16万km走ったあたりで、バッテリー電気自動車はバッテリー交換が必要になるのだ（もちろん、ガソリン車も鉛バッテリーの交換が必要だが、それはすでに計算に入っている）。

バッテリーは生産時のCO_2排出量が大きいため、ここで排出量の合計に再逆転が起こる。

つまり、電気自動車がバッテリー交換をした瞬間、再度、ガソリン車の方が、CO_2排出量が少なくなるのである。

そして、これは走行距離20万㎞になっても逆転しない。

また、電気自動車のバッテリー交換は、ユーザーにとってたいへんな金銭的な負担になることも知っておく必要がある。

しかも、このシミュレーションは、どちらも走行距離を20万㎞と想定している。いまの日本で、自動車を走行距離20万㎞まで走らせる人がどのくらいいるだろうか。多くの人は10万㎞前後で買い替えを考えるだろうし、10万㎞を超えた中古車を新たに買おうという人も（いないとは言わないが）少ないだろう。

また、バッテリー交換にしても、私もハイブリッド車に乗っているが、走行距離3万㎞くらいでも5年もすれば、交換をすすめられる。

この論文ではガソリン車とバッテリー電気自動車との比較だが、残念ながら、ハイブリッド車ならばなおさらその差は縮まらない。

ガソリン車としてのCO_2排出とリチウムイオン電池使用の両ハンディがあるからだ。

論文では、水素自動車（燃料電池自動車）についての言及はないが、水素生産時の電気分解に使う電力や貯蔵時の圧縮に使う電力を考えると、排出量が大幅に少ないと

走行距離によるCO_2排出量の比較

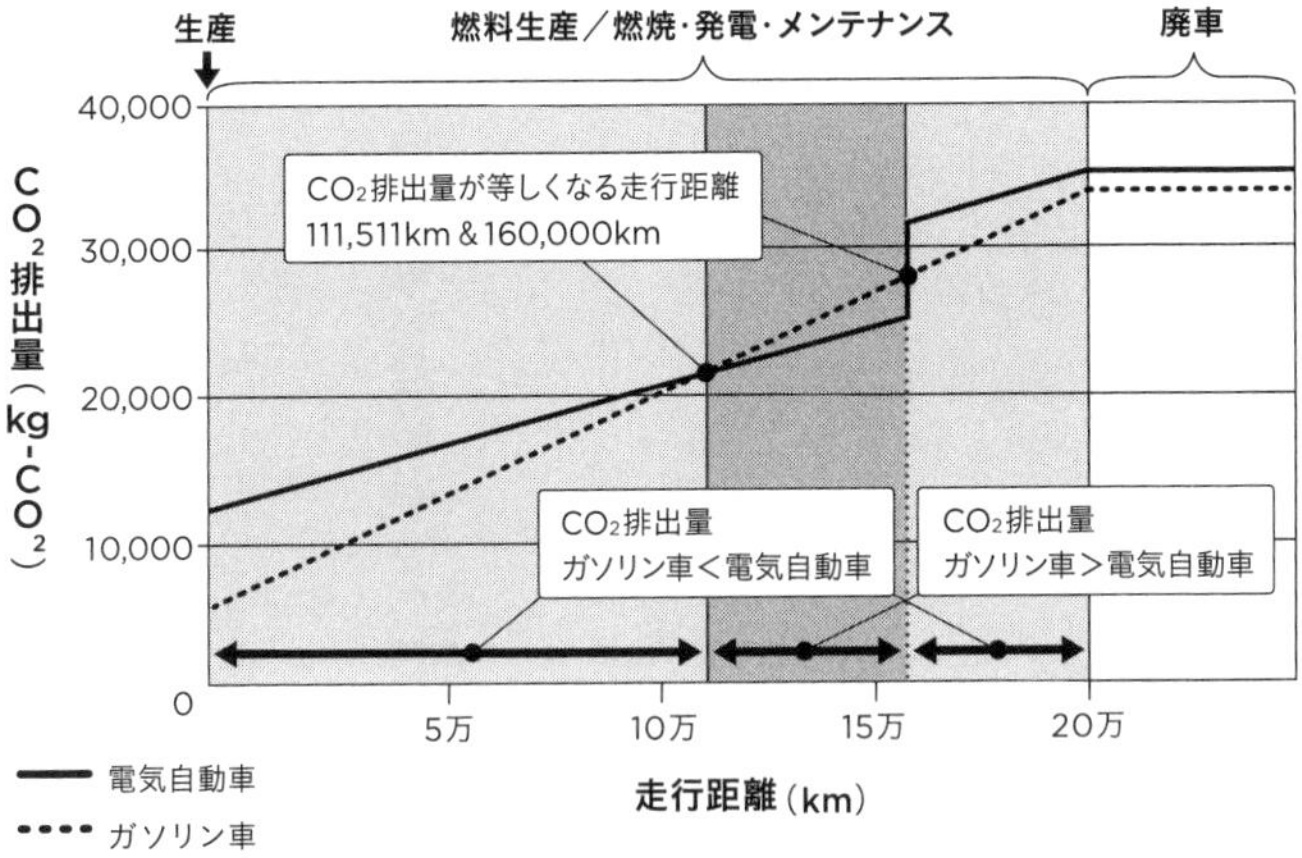

は考えにくい。

　さて、このように、CO_2排出量の点では、バッテリー電気自動車よりもガソリン車の方が少ないのだが、ガソリン車が目の敵にされる理由はほかにもある。

　例えば、有害な窒素酸化物（NOx）を出すという点だ。

　意味のある議論にしていくためには、この部分まで着目して考える必要がある。ただ、ガソリン車はこれまでいかにNOxの排出量を減らすかという技術を競ってきた歴史がある。

　年々、排出規制も厳しくなっていったため、一時の排出量に比べると非常に少なくなっている。
これらを総合的に考慮すると、ガソリン車禁止政策はエコロジーにはつながらない。それどころか、むしろ地球温暖化をよりいっそう進ませる政策だと言える。

「家庭用暖房で電力需給逼迫」の裏にあるもの

ここ数年、特に東日本大震災で原子力発電所の稼働がストップして以降、真夏や真冬によく「電力需給の逼迫」が言われるようになった。

「電力が足りなくなるかもしれないので、各家庭で節電に協力してほしい」などと呼びかけられる。

エアコン利用が増える真夏や真冬の時期に、こうした「お願い」が発信される。

2020年から2021年にかけての冬の時期にも「極度の冷え込みで家庭用暖房の使用が増加し、電力需給が逼迫する恐れがあるため、節電に気を配ってほしい」というメッセージが各電力会社から発信された。

本当に家庭用暖房の使用が増えることで、電力は逼迫したのだろうか。

もちろん、気温が極端に下がり、暖房需要が高まれば、その分、電力の使用量も増えることは間違いない。

ただ、昨今のエアコンの省エネ機能はたいへん進化しており、一昔前と比べて電力使用量は大幅に少なくなっている。

それでも、各家庭、各部屋で一気にエアコンを使えば、それなりの電力使用量になるという主張も成り立つ。

しかし、これまでのところ、エアコン使用量の増加で電力が足りなくなり、大停電が起こったという事例はない。


各電力会社がギリギリのところで頑張っているのは認めるが、「電力需給の逼迫」を訴えるのは、それとは別の論理が働いているからだということもまた事実である。

それは「原発再稼働」だ。

「電力需給の逼迫」を繰り返し訴えることで、多くの国民に「電力は恒常的に足りない」という印象を植え付け、そこに「原発が止まっている」という事実を見せることによって、「原発再稼働さえできれば、電力需給の逼迫は回避できる」という結論に導きたい。

そんな思惑が見え隠れする、いや見え見えなのである。

原発再稼働さえすれば電力需給の逼迫は回避できるのは事実だろう。

さらに言えば、電力の多くは火力発電に頼っている現状からすると、原発再稼働によってCO_2削減にも寄与することになるだろう。

しかし、東日本大震災による福島第一原発の事故を受け、少なくとも現状では、原発再稼働に対して多くの国民のコンセンサスが得られる状態とは言えない。

むしろ、強く反対する国民の方が多いだろう。

結局は、福島第一原発の事故、そして多くの国民の強い反対を知りながら、「電力需給の逼迫」などという姑息な手で原発再稼働を狙う人たちがいるということだ。

原発というのはいったいどれほど大きな利権があるのだろうと考えてしまう。

よほどのうま味があるのだろう。

ドイツでは現在、約25％が風力発電だという。

外国から電気を買っているという批判もあるようだが、少なくとも国内については再生可能エネルギー重視の政策を進めている。

しかし、日本では再生可能エネルギー政策は一向に進んでいない。

実は、長期政権だった安倍政権は、一貫して再生可能エネルギー政策に強いブレーキをかけ続けてきた。

再生可能エネルギーに関するものを徹底的に潰してきたのだ。

その中心にいた人物が、安倍総理の秘書官兼補佐官を歴任し、菅政権でも内閣官房参与の役職に就いた今井尚哉氏である。

今井氏は安倍政権内で、再生可能エネルギー事業をことごとく潰してきたとされている。

彼は、通産省、経産省時代から原発利権の代表のような人物だったということなのだろう。

菅政権に内閣官房参与として残っているのも、原発利権の代弁者としてであろう。彼の影響力によって、日本は再生可能エネルギーではなく、LNG火力発電に頼る形になった。

「LNGが嫌なら原発だ」という論理である。

もしかしたら、原発利権とウォール街と中国が手を結んでいる可能性もあるが、それはここでは深掘りしない。

先ほども触れたとおり、原発再稼働が実現し、現在の火力発電の割合を下げていくことができれば、CO_2排出という点では大きく貢献できる。

しかし、ひとつ間違えたらCO_2などよりもはるかに有害な放射性物質が排出されかねない原発に対して、国民は「イエス」と言うだろうか。

エコロジーはビジネスの論理

本章では、まず「電気自動車」が本当の意味ではエコではないという事実を確認し、さらに「電力需給逼迫」というアナウンスの裏にある「原発再稼働」を狙う人たちの思惑について言及した。

この二つには「ビジネス」という共通項が見える。

結局、エコと言っても所詮はビジネスの論理で動いている。

こう言ってしまえば身も蓋もないが、事実なので仕方がない。

現代において、ビジネスは権力と結びつく傾向がある。

もう少し正確に言うと、政治権力と結びつく、あるいは政治権力を奪取して駆使することでビジネス拡大につなげたり、ビジネス拡大の近道を作ったりする勢力がいるということだ。

こうした勢力は経済力と政治力の両方を握り、自らの利益、勢力を拡大させている。

次章ではそんな勢力の一旦を紹介し、彼らのやり方を見ていくことにしたい。

第2章

表に出てきたシャドー・ガバメント

裏で政治を動かす勢力

「シャドー・ガバメント」という言葉がある。

「秘密政府」などと訳されたりもするが、もともとは国家の機密事項を扱う組織を指す概念だ。

現在では、ディープステートのような、いわゆる「影の政府」「政府内政府」といった意味合いで使われることが多い。

こう書くとなにやら「陰謀論」めいていると感じるかもしれないが、それほど大げさな話ではない。

「目に見える形で表に出てきて政治を行っている政治家たちを、事実上、動かしている勢力」とでも捉えておけばいい。

政治家の政治を隠れて動かしているという意味なので、その存在が政府内にいる場合もあるし（ディープステートなどはこのケースだろう）、政府外からコントロールしている場合もあるし、手下を政府内に潜り込ませて動かしている場合もある。

こうした勢力は、古今東西、常に存在してきた。

日本の時代劇などで、悪代官のところに悪徳商人がやってきて、小判が敷き詰められた菓子折を渡す。

悪代官は「越後屋、おぬしもワルよのう」などと言う。

そんなステレオタイプのシーンも、小判で代官の政治を動かす悪徳商人というディープステートがいたということだ。

現代でも、例えば安倍政権下では未来投資会議、菅政権下では成長戦略会議などと呼ばれるものがあるが（両会議には重複して名を連ねている人も多い）、なぜか「民間議員」「有識者」などと呼ばれる、政権側が恣意的に選んだ（つまり、国民が選挙で選んだわけではない）人たちが政権内に入り込んで、政治を動かしている。

もちろん、彼ら彼女らが「私利私欲だけで政治を動かしている」などと言うつもりはない。

真剣に天下国家のことを考え、国家百年の計を抱いて会議に臨んでいる人も多いに違いない。

しかし、現実に行われている政策を見ると、必ずしもそうはなっていない。

仮に会議のメンバー全員が、国家百年の計を抱いて会議に臨んでいたとしても、メンバーの多くは民間企業の経営者や世界的多国籍企業とのパイプを持つような人ばかりなので、ついつい自分の会社、つながりのある勢力の利益になる政策を進めたくなるのも人情というものだろう。

これは無意識に関わる話かもしれないし、人によっては自分の会社やつながりのある勢力が利益を得ることで、国もよくなるはずだと本気で思い込んでいるかもしれない。

だが、どんな考えで会議に臨み、どんな意識・無意識で政策を提案しようと、行われる政策そのものが国家のため、国民のため、いや地球に住むすべての人類のためにならないのであれば、その政策は間違っている。

少なくとも、国民主権の国家において、国民という主権者による選挙を経ていない人間が政策決定に関わり、実際の政治が動いていくというのはけっして許されるべきではない。

つまり、成長戦略会議の民間メンバーたちは「シャドー・ガバメント」だと言われても仕方がない。

簡単に言えば、選挙で選ばれていない人が政治権力を持っていれば「シャドー・ガバメント」である。

だから、官邸ももちろん「シャドー・ガバメント」だ。

「シャドー・ガバメント」が力を得、実際に政治・政策を牛耳ってしまう背景の一つに、国民から選挙で選ばれた議員たちの権力低下があるが、この話はまたあとで詳しくしていくことにしよう。

SNS経営者の権力が大統領の言論の自由を封じた

もう少し、裏の政治勢力「シャドー・ガバメント」の話をしよう。

この話が「陰謀論」と異なるのは、こうした裏の勢力たちは、ある一つの力によってコントロールされているわけではないという点だ。

つまり、さまざま勢力が、それぞれ自分たちの都合で動いているのである。

こうした勢力には、以前とは違う、新たな人、組織、企業などが次々と入り込んできている。

そして、以前とは比較にならないほど、巨大な力を身につけつつある。

一つの例を見よう。

2020年に行われたアメリカ大統領選挙での事例だ。

この年の大統領選挙では、共和党のトランプ氏と民主党のバイデン氏が最後の最後まで争い、僅差でバイデン氏の勝利となった。

しかし、トランプ氏陣営は「選挙に不正があった」と主張し、連邦最高裁に提訴するという混乱が生じた。

それだけでは済まず、一部のトランプ氏支持派が暴徒化する。

それに便乗する暴徒がさらに増え、連邦議会に乱入するという、およそ先進民主主義国とは思えないような状況となった。

この騒動の発端とされたのが、トランプ氏の前日の演説と当日のツイートだったとされ、Twitterはトランプ氏のアカウントを無期限凍結とした。

同様にFacebookもトランプ氏のアカウントを無期限凍結とした。

これは非常に重大な意味を含んでいる。

それは、当時はまだ現役の大統領だったトランプ氏の発言機会を、単なる一企業が奪ったという事実である。

言論の自由が保障されているはずのアメリカで、現役大統領の言論が一企業に封殺されたのである。

これは、Twitterのジャック・ドーシー氏やFacebookのマーク・ザッカーバーグ氏の権力が、アメリカ大統領の権力を、言論という一部分とはいえ、超えた瞬間だった。

「そんな大げさな」とか「トラップ氏が暴動を煽ったのがいけない」などと思う人もいるかもしれない。

しかし、少なくとも現役大統領の言論の自由が、企業の論理で封じられたことは事実だ。

ことは、このときのトランプ氏のアカウント凍結だけの話ではない。

これが許されたということは、ドーシー氏やザッカーバーグ氏（あるいは他のメディアの責任者たち）の一存で、政治権力者の言論を封じることができるようになったということなのだ。

これまで陰に隠れていた「シャドー・ガバメント」たちが、自分たちの身を隠すことなく、政治権力をコントロールするようになったという事実を過小評価すべきではないだろう。

バイデン大統領の大統領令

2020年のアメリカ大統領選挙は最後の最後まで混乱を極めたが、結局はバイデン氏が勝利し、大統領としての執務を行うべく、ホワイトハウスに入った。

すると、彼はなんと、大統領就任初日に17もの大統領令（Executive order）を出し、その後の10日間で少なくとも25もの大統領令に署名した。

就任から10日間で署名した大統領令の数は、オバマ元大統領は9、トランプ前大統領は７だった。

バイデン大統領は、あっという間に「就任直後に大統領令を出した数」歴代１位、それもダントツの１位になったのだ。

大統領令とは、議会の承認なしでも政策を実行できる命令である。

つまり、議会を無視して、大統領のやりたい政策を命令の形で発するものなのだ。乱発すれば議会軽視との批判は免れない。

では、その内容はどのようなものだったのだろうか。

バイデン大統領が就任初日に出した大統領令には、カナダからアメリカ中西部まで原油を運ぶパイプライン（キーストーンＸＬ）建設認可の取り消し、イスラム教徒の多い国からの入国禁止の撤廃（事実上、イランとシリア等からの入国禁止の撤廃）、パリ協定再加入、ＷＨＯ（世界保健機関）への復帰、メキシコとの国境に建設中の「国境の壁」建設の中止といったものである。

見てわかるとおり、トランプ前大統領が強く推進してきた政策を覆すものばかりだ。

先ほども述べたとおり、大統領令とは議会の承認を得ずして、大統領が単独で出す命令である。

しかし、アメリカ連邦議会は、下院は民主党が優位。上院は勢力拮抗だが、もし議決において賛否が同数だった場合、上院議長（＝副大統領）の賛否で決まることになっている。

もちろん、上院議長（＝副大統領）は民主党のカマラ・ハリス氏である。

ということは、これらの政策は、議会に諮ったとしてもすんなりと通る可能性が高いのだ。

にもかかわらず、バイデン大統領は議会に諮ることをせず、しかも就任初日に大統領令として発した。

これには、単にこれらの政策を実現すること以上の、政治的な意図があったと見るべきだ。

その政治的意図について考える前に、バイデン大統領が初日に発した大統領令の中身について、もう少し深掘りしてみよう。

まず「カナダからアメリカ中西部まで原油を運ぶパイプライン（キーストーンＸＬ）建設認可の取り消し」は、いったい何のための大統領令なのだろうか。

表向きの理由は、どうやら「地球温暖化対策」ということらしい。

原油の燃焼を減らし、CO_2を削減しようというのが狙いのようだ。

しかし、よく考えてみてほしい。

そもそも原油をパイプラインで運ぼうとしたのは、他の運搬方法では輸送時に排出されるCO_2の量が大きいという理由があったはずだ（もちろん、コストの問題もある）。

カナダからのパイプラインをやめて、陸路や海路で運搬する方が、$CO2$排出量が大きくなるはずである。

消費するエネルギー量を減らすという話ではないので、パイプラインを止めた分のエネルギー資源は別のどこかから（あるいは別の手段で）調達する必要がある。

それでは、CO_2削減にはなるまい。

原油のパイプラインができることによって、自分たちのビジネスが不利になる勢力（例えば原子力ビジネス、シェールガス・シェールオイル企業など）の思惑があったのではないかと考える方が自然だ。

次に「イスラム教徒の多い国からの入国禁止の撤廃」とはどういうことか。

実際は、アメリカはコロナ禍以前において、例えばサウジアラビアやUAEなどのイスラム教徒の多い国からの入国は禁止していない。

入国を禁止している国は、イラン、シリア、リビア、イエメン、ソマリアの5カ国である。

テロとの関連が疑われていた国々だ。

つまり、バイデン大統領はこれらの国からのアメリカへの入国を許可するということになる。

これらの国々を「イスラム教徒の多い国」という括りで考えるべきではないのは、一目瞭然だろう。

イランは、アメリカにとっては、事実上の敵国。

他の国々は内戦、テロなどで政情が不安定な国。

そうした国々からの人々の入国を「ウエルカム」と宣言したも同然の大統領令なのだ。

次の「パリ協定再加入」はどうだろう。

そもそも、トランプ前大統領がパリ協定から抜けた理由は何だったのだろうか。

これは、中国ばかりを利するアンフェアなルールがまかり通っていることへの抗議である。

パリ協定が中国ばかり（ロシアなどにも言及しているが、事実上のターゲットは中国）を利するアンフェアなルールの適用を続けていることに関しては、本書のテーマと非常に関わりがあるので、しっかりと確認しておこう。

パリ協定において、中国はいわゆる「発展途上国」扱いで、「２０３０年までにCO_2排出量を減少に転じる」ということになっている。

つまり「2030年まではCO2出し放題」ということだ（いくつかの努力目標はあるが）。

これが不公平であり、パリ協定では本気でCO2削減に取り組むことはできないというのが、トランプ前大統領がパリ協定離脱を決めた理由である。

バイデン大統領が「パリ協定復帰」をするのであれば、この「中国ばかりを利する不公平」をどうするのかについて、きちんとした説明が必要なはずだ。

しかし、何の説明もなく、もちろん議論もなく、就任初日にパリ協定復帰を決めている。

「トランプ前大統領がやったことは全部ひっくり返すのだ」という論理なのかもしれないが、もしそうだとしたらあまりにも幼稚だ。

パリ協定が「中国ばかりを利する不公平な協定」であることは明らかだからだ。

次の「WHO（世界保健機関）への復帰」も、何の説明もなく行われた。

トランプ前大統領は「WHOは中国に乗っ取られた不公平な機関である」というこ

とで離脱を決めたはずだ。

新型コロナウイルス感染症（ＣＯＶＩＤ－19）に関する情報を、当初、中国は隠そうとし、ＷＨＯもそれに対して強く非難するどころか、「中国はきちんと対処した」などとする声明を出した。

ＷＨＯのテドロス事務局長が中国利権の代弁者であることは明らかで、そうしたこともトランプ前大統領がＷＨＯ離脱を決めた大きな要因だったはずだ。

そうしたＷＨＯと中国との関係について何の説明もなく、就任初日に大統領令で「ＷＨＯ復帰」を決めてしまったのだ。

バイデン大統領からの何らかのメッセージだと解釈する方が自然だ。

そして、メキシコとの国境に建設中の「国境の壁」建設の中止。

これは「メキシコからの不法移民の流入を無理に止めることはしない」というメッセージだ。

問題点としては、まずこれまで作った壁がすべて無駄になるということがある。

アメリカ・メキシコの国境の壁
©Mario Tama/Getty Images

国境の壁はかなりの長さができあがっているが、当然のことながら、すべて完成されなければ意味がない。

壁を避けて回り込めば、いくらでも違法入国できてしまうからだ。

途中まで造って、あとは放置するということは、これまで造った分は無駄になり、同時に今後は不法移民の流入にも（ある程度は）目を瞑るということになる。

コロナ禍でそんなことをすれば、感染はさらに拡大するだろうことは、誰の目にも明らかだ。

しかし、バイデン大統領は、議会で国民の意思を確認することもなく、あえて就任初日にこの大統領令を出した。

そもそもメキシコからの不法移民がやってくるのは、受け入れるアメリカの側に「受け入れ先」があるからだ。

もちろん、安い労働力を求める大企業である。

バイデン大統領の大統領令は、そうした安い労働力を求めるアメリカの大企業経営者たちへの「君たちが求める政策をやっていく」というメッセージと受け取ることができるだろう。

SNS陣営とは別の「シャドー・ガバメント」の構成員たちへの、バイデン大統領からのメッセージには見えないだろうか。

私にはそう見えて仕方がない。

テスラの言いなりになる日本の総理大臣

さて、第1章の冒頭で私は、「菅義偉首相が『2035年までに新車販売で電動車100%を実現する』と述べた」という話をした。

そして、何か特別なことでも起こらない限り、着々と進められていくようだ。

このとき、「なぜ菅総理は『2035年までに電動車100%』などという話を、突然、出してきたのか」という問題提起をした。その問題について述べていこう。

そもそも、菅総理は側近にデーヴィッド・アトキンソン氏や竹中平蔵氏といった、ウォール街（グローバル投資家）、あるいはグローバル企業家と太いパイプを持つ人物たちを置いている。

近くにウォール街の代理人が大勢いるという状況なのだ。

イーロン・マスク氏
©Patrick Pleul/picture alliance via Getty Images

そして、その中にいたのが、電気自動車や宇宙開発で知られるテスラの現役の社外取締役である水野弘道氏である。

彼は、経済産業省の参与という形で、事実上、官邸内に入り込んでいた。

繰り返すが、水野氏は現役のテスラ社外取締役である。

電気自動車を扱う企業の取締役が、経済産業省の参与として、国家の経済産業行政に関与していたということだ。

この話を知った私は「クラブ苫米地」等の動画でその事実を配信した。『新・夢が勝手にかなう手帳２０２１年度版』にも書いた。

これと前後して、週刊誌も動いていたようだ。

「週刊新潮」1月28日号に「『テスラ』株暴騰でＥＶマネーをつかむ『脱ガソリン車』黒幕」という見出しで、この水野氏の記事が載っている。

記事によれば、世界で電気自動車需要が見込まれることから、テスラの株が暴騰。水野氏はテスラの取締役としてストックオプション（自社株の優先定額購入権）を有しており、巨額の利益を手にしたという。

ご本人は「利益誘導」を否定しているというが、まさに「政商」という言葉を地で行く行動と言えるだろう。

さらに水野氏は、この週刊新潮が取材を申し込んだという２０２１年1月18日に、突然、経済産業省の参与を辞任した。

「利益誘導」などのやましい行為がなかったのであれば、辞任などする必要はあるまい。

本人は「多忙」を理由にしているらしいが、多忙なのはずっと以前から同じはずである。

菅総理の「２０３５年までに電動車１００％」発言を引き出したことで、すでに政府内での任務は終了。

あとはテスラの株価が勝手に上っていくのを見ているだけということだろうか。

ちなみに、水野氏は自身のTwitterで「テスラＣＥＯ」のイーロン・マスク氏からの「テスラ成功の為にハードワークしてくれたすべての人に感謝します」というメッセージをリツイートしている。

イーロン・マスク氏の言う「ハードワーク」が終わったので、参与を辞任したということなのだろう。

そして、ＣＥＯのイーロン・マスク氏自ら、水野氏の政府内での「ハードワーク」

を労ったわけだ。

逆に言えば、菅政権はテスラ取締役の水野氏の、「エコ」という美辞麗句に包まれたテスラによる、テスラのための政策提言を鵜呑みにし、いいように操られたということになる。

日本という国の政権が、一新興企業の言いなりになったのである。

安倍政権やそれ以前の政権でも、自分たちのための政策を提言し、利益を誘導する輩はいた。

しかし、彼らは少なくとも「隠れながら」やっていた。

だから「シャドー・ガバメント」と呼ばれたのだ。

ところが、菅政権では（世界的にはTwitterやFacebookも同様に）隠れるどころか、誰もがわかるような露骨なやり方で政策を誘導している。

「シャドー・ガバメント」が表に出てきた、いや表に出ている以上、もはや「シャドー・ガバメント」ではない。

政権に巣くい、利益を貪る「政商」たちが、その姿を隠そうともせず、堂々と動き回るようになっているのだ。

無力化した国会議員や官僚たち

総理大臣、そして首相官邸の意向があっという間に政策に反映され、国会での審議は単なる手続きにすぎない状態になって久しい。

ただ、以前はそれでもまだ、心ある国会議員たちによる、悪政への抵抗もなされていた。

しかし、いまは官邸主導で決められた政策は、それがどんなにおかしなものでも、あっさりと国会を通過し、法律となって実現される。

民主主義とは本来、徹底的に議論を尽くし、お互い納得して政策を決めるシステムだ。

議論を尽くしに尽くして、それでも決まらない場合にやむなく導入されるのが「多数決」である。

ところが、いまや国会は与党の絶対多数という状況のもと、よくない政策であればあるほど、議論を尽くさないまま採決される。

議論を尽くすと、反対されてしまうからだろうか。

よく「野党がだらしない」などと言われるが、絶対多数の与党に対して、事実上、野党はほぼ無力である。

おかしな政策は、与党内から「おかしい」という声が出ない限り、国会で通ってしまう。

そして、昨今は与党内から「おかしい」という声が出なくなっているのである。

また、以前は官僚（役人）が「おかしい」と声を挙げることも多かった。

形の上では、官僚は政治家の部下なわけだが、実際に政策がわかっているのは官僚の方だ。

官僚がきちんと機能していれば、おかしな政策に対して「それはおかしい」と言って、修正・廃棄することもできたのだ。

だが、官僚も昨今はおかしなことに対して「おかしい」という声を挙げなくなってしまった。

それどころか、官邸（政権）に「忖度」する官僚が増えているという。

国会議員も官僚も、官邸に忖度するようになり、官邸に巣くう「政商」「シャドー・ガバメント」たちを制御できなくなってしまっているのだ。

国会議員も官僚も、官邸に忖度するようになってしまったのにはわけがある。

国会議員が官邸に忖度し、たとえ正しいと思っても自分の考えを言えなくなっている最も大きな要因は「選挙制度」、具体的には「小選挙区制」の導入である。

正確には「小選挙区比例代表並立制」だが、重要なのは「小選挙区制」の方なので、そちらについて述べていく。

「小選挙区制」とは選挙区で1人しか当選しない選挙制度である。

議員になれるのはその選挙区で1人だけ。

比例代表制で敗者復活する道は残されてはいるものの、「小選挙区で負けた議員」という評価はどうしても付きまとう。

なぜ「小選挙区制」だと、国会議員は官邸（あるいは党幹部）に忖度することになるのか。

それは、官邸や党幹部の政策に反対すると、選挙の時に党の公認がもらえなくなるからである。

別の候補者が「刺客」などと言われて、党の公認をもらってその小選挙区にやってくる。

多くの人は「党」の政策で投票行動を決めるので、党の公認がもらえなければ当選はおぼつかない。

それまで何期も議員を務めてきたとしても、どこから来たのかよくわからない新人にあっさり負けてしまうことは十分にあり得る。

議員は選挙で負ければもちろん議員ではなくなる。

どこかの企業や研究機関が雇ってくれるかもしれないが、それまでとは大きく異なる生活が待っている。

誰もそんなことにはなりたくないので、選挙が近づけば近づくほど、官邸や党幹部の言うことを聞くしかなくなるのである。

もう一つ、自民党内で言えば「派閥」の力が以前と比べて大幅に弱まったことも挙げられよう。

一人しか当選しない小選挙区制では、派閥が力を維持するのは難しい。

一人を選ぶ党本部に力が集中することになる。

以前は、力のある派閥がいくつもあり、あるところでは協力し合いつつ、何かよくない政策があれば批判、攻撃し、自派閥の立場を高めようという力が働いた。

政権派閥は他派閥から批判、攻撃されたくないので、他派閥も賛成するような、しっかりとした政策を行おうという力が働いた。

ところが、一時期、派閥が悪者視され、その力が大きく弱められた。

そのため、一度、官邸として権力を手にすると、たとえよくない政策を推し進めたとしても、誰も批判・攻撃できなくなってしまったのである。

では、官僚が政権に忖度するようになってしまったのはなぜか。

最も大きな要因は「内閣人事局」の開設である。

内閣人事局とは、２０１４年に設置された、内閣官房の内部部局のひとつで、各省の事務次官など、一定の役職以上の官僚についての人事権を行使する部局である。

つまり、内閣官房が官僚の人事権を握ったということである。

私は以前、自著の中でこの内閣人事局設置ついて「非常に危険である」との指摘をしたが、現在、まさにその憂慮したとおりの事態が起こっている。

官僚とは、出世を第一義に考えて仕事をする人たちの組織である。

その出世の采配を内閣官房が握っているとしたら、官僚たちが内閣官房、つまり時の政権に忖度するのは必然だ。

かくして、おかしな政策を批判するどころか、政権に媚びへつらう官僚ばかりが増えることになってしまったわけだ。

こうなれば、政府は「シャドー・ガバメント」の思うがままである。

国会議員は民主主義のもと、国民の投票によって選ばれる。

国会議員の半数を動かすことができれば、やりたい政策が実現するのだが、その後ろには有権者という大きな塊が存在する。

国会議員は有権者の代表なので、基本的には有権者の意思に沿って行動するはずであるし、そうならなければいけない。

ということは、やりたい政策を一人の国会議員に賛成させるためには、その後ろにいる多くの有権者たちをも納得させる必要が出てくる。

これは簡単ではない。

また、官僚は国民によって選ばれるわけではないが、難関の国家公務員試験をパスして入ってきた人たちである。

自分のやりたい政策について彼らを納得させ、賛成させるには、やはりそれなりの説得力のある説明が必要になる。

これまた簡単ではない。

健全な民主主義と健全な官僚機構が機能していれば、「シャドー・ガバメント」が自分たちのやりたい政策（多くの国民にとってはやってほしくない政策）を無理やりやろうとしても、二重の安全装置が働いて阻止されるだろう。

しかし、現在の日本では（いや、世界各国で）この安全装置が機能していない。「シャドー・ガバメント」たちにすれば、こんなにやりやすい環境はない。何千万人もの有権者や賢い官僚たちを説得する代わりに、官邸の上層部、数十人を動かすだけで、自分たちのやりたい政策が思いのままに実現する。

この状況では、彼らはもはや「シャドー・ガバメント」として、裏に隠れている必要もない。

堂々と表に出てきて、自ら、あるいは手下が官邸に入り込み、自分たちの利益のために動き回るようになっている。

なぜ新型コロナワクチンはあれほど早く完成したのか

この原稿の執筆時（２０２１年５月）現在、新型コロナウイルス感染症（ＣＯＶＩＤ－19）はまだまだ収束の兆しすら見せていない。

ただし、ひとつの希望（と言われるもの）として、ワクチンの接種が日本でも始まっている。

これまでのワクチン開発とは桁違いの速さである。

なぜこれほどまで速いスピードで、新型コロナワクチンの開発が進んだのか。

ひとつは「mRNAワクチン」という、これまでになかったワクチンだということがある。

これまでのワクチンは、実際のウイルスを弱毒化して培養し、それを体内に注射す

新型コロナのワクチン開発イメージ

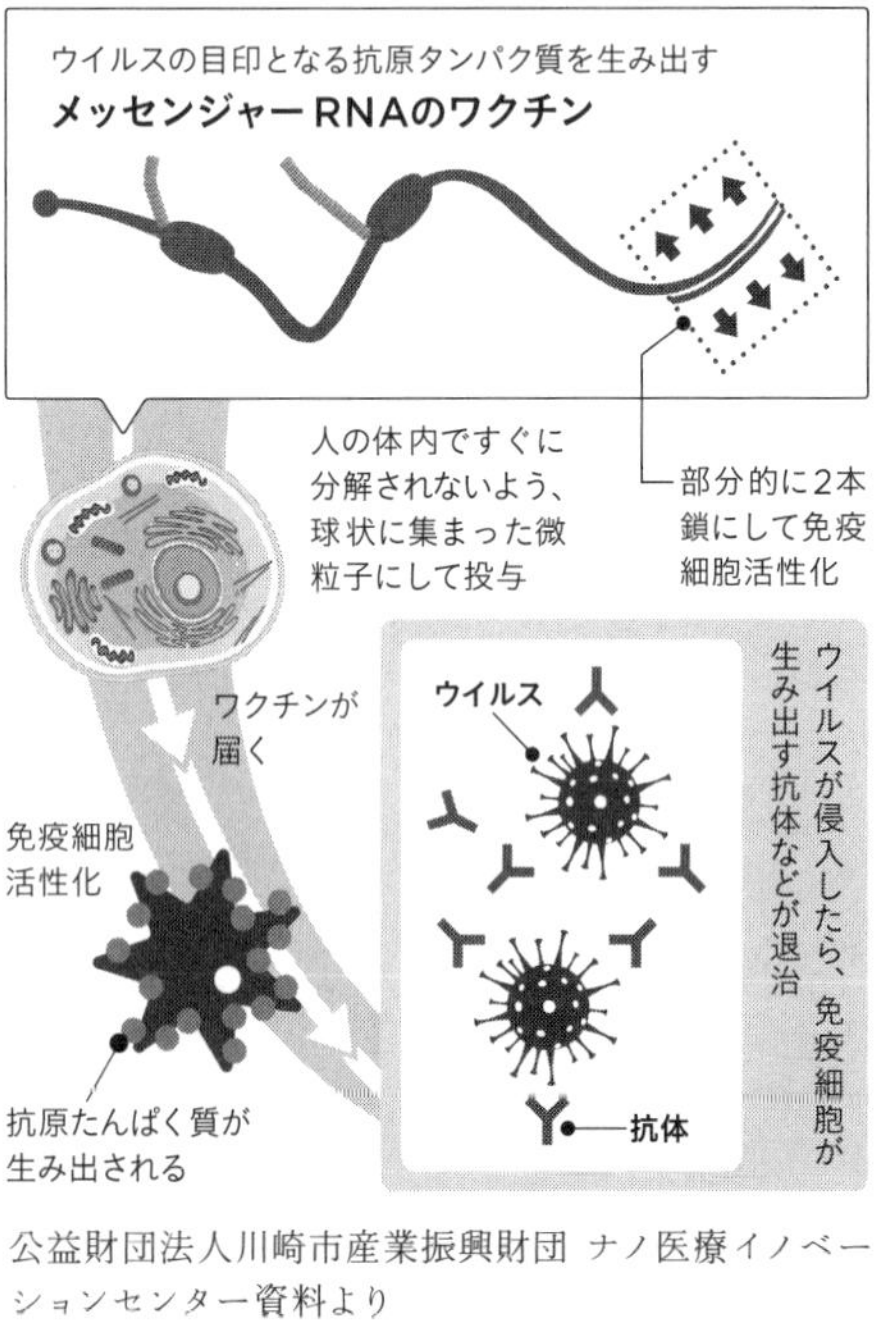

ウイルスの目印となる抗原タンパク質を生み出す
メッセンジャーRNAのワクチン
人の体内ですぐに分解されないよう、球状に集まった微粒子にして投与
部分的に2本鎖にして免疫細胞活性化
ワクチンが届く
免疫細胞活性化
抗原たんぱく質が生み出される
ウイルス
抗体
ウイルスが侵入したら、免疫細胞が生み出す抗体などが退治

公益財団法人川崎市産業振興財団 ナノ医療イノベーションセンター資料より

る「不活化ワクチン」がほとんどだった。

それに対して「ｍＲＮＡワクチン」は、ウイルスを体内に入れるわけではない。

ウイルスが私たちの細胞に入り込む際には、ＡＣＥ‐２という受容体を利用する。この受容体にくっつこうとするウイルスを妨げる抗体を作る「設計図」として、体内に投入するというのが「ｍＲＮＡワクチン」である。

実際のウイルスを培養する必要がなく、設計図だけをコピーしていけばいいので、これまでと比べて断然、スピードが速い。

ただ、それにしても、ウイルスのＤＮＡ情報が正確にわかっていなければ、それに対応する抗体を作る設計図も作れない。

つまり、感染のメカニズムとウイルスのＤＮＡ情報が正確に、これまた驚くべきスピードでわかったということだ。

これはなぜなのだろうか。

興味深い報道がある。

トランプ政権下では「政権寄りだ」と言われていたFOXニュース（私は他のメディアが反政権なだけで、FOXニュースは比較的バランスが取れていると思っているが）の記事だ。

アメリカ国立アレルギー・感染症研究所所長で、バイデン大統領の最高医療顧問となったアンソニー・ファウチ博士と武漢ウイルス研究所で委託研究を行っていたピーター・ダスザック博士に関する記事である。

アメリカでは以前から、ウイルスの機能獲得研究（Gain-of-Function Research：GOF）という、遺伝子操作によってウイルスの殺傷力・感染力を強化させたり、ヒトへの感染力を獲得させたりする研究が行われていた。

あまりいい研究ではないということで、オバマ政権時代の2014年に、アメリカ国内におけるGOF研究が禁止されることになった。

すると翌年（2015年）、ファウチ氏はダスザック氏を経由して、アメリカ国立衛生研究所の予算で、武漢ウイルス研究所にコウモリSARS-CoVのGOF研究を委託したのだ。

そして、その後、２０１９年までの5年間で、武漢ウイルス研究所の石正麗博士とダスザック氏の共著による13の論文が発表されている。

その内容で重要と思われるものを４つ紹介しよう。

1、コウモリSARS-CoVから遺伝子操作で人工ウイルス生成に成功

2、人工SARS-CoVウイルスが自己増殖に成功

3、人工SARS-CoVのヒト細胞への感染に成功

4、人工SARS-CoVウイルスのヒト感染に成功した鍵はACE-2（アンジオテンシン変換酵素2）レセプターである。ACE-2細胞腔を通じて感染する際に感染力が10倍上がる。

ここで、「ACE-2」という用語について説明しよう。

２０２０年4月、SARS-CoV-2（新型コロナウイルス）もACE-2を介して細胞に取り込まれることが、アメリカの論文で報告されている。

だが、それ以前からACE－2を通じて感染する際には、感染力が10倍になるという研究が行われていたし、そもそもそういう設計で人工ウイルスを生成していたのではなかったか。

その後、石氏とダスザック氏の共同研究による論文について、WHOは当時の研究メモを提出するように依頼した。

しかし、なんと武漢ウイルス研究所はその研究メモの提出を拒否した。

研究には必ずメモが存在する。

もし今回の新型コロナウイルスと、自身の研究とが何の関係もないのであれば、素直に研究メモを出せばいいだけである。

にもかかわらず、提出を拒否するというのは、いかなる理由なのだろうか。

さらに驚くことがある。

バイデン大統領が2021年1月20日に出した最初の大統領令で、アメリカのWHO復帰が宣言された。

そのＷＨＯ復帰は、ファウチ氏が主導したものだった。

そして、もっと驚くべきことは、２０２１年１月、ＷＨＯは武漢ウイルス研究所を調査するためのＷＨＯ調査団を中国に派遣したが、そのメンバーとしてアメリカから唯一選ばれたのが、なんとダスザック氏だったのだ。

つまり、オバマ政権がストップさせた研究を武漢ウイルス研究所に持ち込み、研究論文を発表していた張本人が、「調査団」のメンバーとして武漢ウイルス研究所に調査に入ったのだ。

証拠はないので断定的なことは言いたくないが、仮にダスザック氏に何らかの証拠を隠滅したい意図があった場合、それが比較的容易にできてしまう状況だったことになる。

繰り返すが、ここで述べた話はアメリカで「疑惑」として言われているものを紹介したのであり、私は「彼らが新型コロナウイルスを作った」と言っているのではないことは確認しておく。

ただし、もし仮に新型コロナウイルスが、誰かが人工的に生成したものであった場合、そのウイルスに適したワクチンを開発することは、何の情報もない状態に比べてはるかに速いスピードでできるはずだ。

そして、彼らは「ACE-2」というレセプターの存在を以前から知っており、開発されたワクチンは「ACE-2」に作用する免疫の設計図だということもまた事実なのである。

「反対しづらいキーワード」に注意せよ

多くの人が「正しい」と思う、あるいは「反対しづらい」と感じるキーワードを持ち出して、何らかの政策を推し進めようという動きには注意する必要がある。

これは「エコロジー」というキーワードに限らない。

例えば、バイデン大統領は、就任早々、学校スポーツ、職場、その他の環境における性同一性や性的指向に基づく差別を禁止する大統領令に署名した。

政府の資金援助を受けている学校は、トランスジェンダーの女性（遺伝子的には男性）を女子スポーツや女子奨学金などに、差別なく受け入れなければならないことになる。

オリンピックのような大きな大会の場合はテストステロンの制限などがあるが、アメリカ国内の学校スポーツの話なので、現在のところ、特にそうした制限はない。自己申告制で「私はトランスジェンダーの女性だ」と言い張れば、元男性も女子のスポーツ大会に出ることができるようになる（拒否できなくなる）。

少し考えればわかることだが、仮にテストステロンの制限があったとしても、元男性のトランスジェンダーの女性と、第一次性徴の段階から（生まれながらに）女性として生きてきた人とでは、筋肉や運動能力に大きな差がある。

だから、男子の大会と女子の大会とが分かれているのだ。

トランスジェンダーの女性とそうでない女性とが、同じ大会の同じフィールドで戦うことになれば、その大会の表彰台はトランスジェンダーの女性が独占する可能性が圧倒的に高い。

それがはたして「フェア」と言えるだろうか。

これは「大会の上位にトランスジェンダーの女性ばかりが連なったら、そうでない女性たちがかわいそうだ」という、感情論の問題ではない。

アメリカも日本と同様、いや日本以上に、スポーツで奨学金をもらいながら学校に通うという人が多い。

身体能力の高いトランスジェンダーの女性ばかりが奨学金をもらうことになり、そうでない女性の多くが奨学金をもらえず、進学を断念するということにもなりかねない、いやかなりの高確率で起こることが問題なのだ。

もっと極端に言えば、スポーツ奨学金がほしい男性アスリートが「自分はトランスジェンダーです」と偽って大きな大会に出場し、好成績を出して、奨学金を「不正に」もらうということも可能になってくる。

これがフェアなことだとはとても思えない。

いや、むしろ明らかにアンフェアだと言ってもいいだろう。

勘違いしてほしくないのは、これはトランスジェンダーの問題を重視すべきではないということではないし、ましてや差別を許容するという話でもない。

私が常々、公言している自身のゴールは「世界から戦争と差別をなくすこと」なので、そもそも差別などもってのほかである。

ジェンダー差別はしっかりと対処していくべき問題であり、しっかり対処していくべき問題だからこそ、大統領が就任早々に、議会での議論もなく、拙速に大統領令として署名してしまうというのはいかがなものかと考えるのである。

実際、2021年2月、ミシシッピ州の上院では、トランスジェンダー・アスリートの女子競技への参加を禁止することが決議された。

他の州でも、同様の動きがある。

こうした動きに対して、多くのメディアは「マイノリティの権利を不当に規制する、差別的かつ有害なトランスフォビアである」などと報じている。

しかし、不当に奨学金を得る可能性などについて、深く考察している記事は少ない。

「とにかくマイノリティの権利は最大限に認められるべきだ」という価値観なのだ。

「マイノリティの権利はマジョリティの権利と同様に尊重されるべきだ」というのは、

まったくそのとおりである。

しかし、何の考察もなく、無条件にすべての権利が認められるべきだと言うのは乱暴だ。

「マイノリティの権利」「差別をなくす」という美辞麗句を言われれば、反対はしにくい。反対すれば「あいつは差別的かつ有害なトランスフォビアだ」というレッテルを貼られることになる。

しかし、裏側にある大きな問題までしっかりと考察し、議論を尽くしたうえで進めている政策なのか。

重要なのは、しっかりと議論すること。それが民主主義の基本である。

そして、これは「エコロジー」にも通じる問題でもある。

「電気自動車はエコである」という美辞麗句の裏にあるものも、しっかりと考察していかなければいけない。

そうした考察なしに「電気自動車に反対する者は、環境破壊主義者である」といったレッテルを貼るべきではない。

第3章

グローバルに展開されるエコビジネス

パリ協定の欺瞞

前章で、アメリカのトランプ前政権がパリ協定を離脱した理由について、中国ばかりを利するアンフェアなルールがまかり通っていることへの抗議だったという話に触れた。

それを、バイデン大統領は就任初日にひっくり返してしまったのだ。

もちろん、「中国ばかりを利するアンフェアなルール」は改善されていない。

パリ協定の「中国ばかりを利するアンフェアなルール」とは、具体的には「中国は2030年頃のできるだけ早い時期にCO_2排出量をピークアウトさせる」、つまり「2030年頃まではCO_2排出量を増やし続けてもかまわない」というものを指す。

「中国は発展途上国扱い」というおかしなルールによって、この論理が認められている。

GDP世界第2位の国が発展途上国とは、いったいどういうことなのだろうか。

その後、中国も「まずい」と思ったのか、「2030年までにGDP当たりの原単位排出量を2005年比60~65%削減する」といった目標を発表するが、2020年

9月の国連総会では「CO_2排出量を2030年までに減少に転じさせ、2060年までに『カーボンニュートラル』を目指す」と表明している。

これらを総合すると、「2030年まではCO$_2$排出量の減少には転じない」ということだ。

しかも、「GDP比でのCO$_2$削減」ということは、GDPが増えればCO$_2$排出量が減らなくても比率自体は減ることになる。

GDPが爆発的に増えれば、その分、CO$_2$排出量が多くなっても比率を下げることができる。

そもそもの段階で、CO$_2$そのものを減らそうという話にはなっていないのだ。

つまり、中国としては、CO$_2$排出量を増やす気満々だということだ。

一部の話（例えば、NHK「SDGsキャンペーン」など）では、「地球環境が〝後戻りできなくなる分岐点〟とされる2030年まで残り10年を切った中、どうすれば危機を回避し、持続可能な未来を実現できるのか」といった主張がなされている。

つまり、こうした主張が正しいとすると、いまのままなら、2030年には地球環境がもうどうにもならなくなるというのだ。

それなのに、中国が2030年まではC O_2 排出量を増やし続けることを、国際社会は認めている。大いなる矛盾である。

バイデン大統領は、こうした矛盾を放置したまま、パリ協定に復帰した。

そして、バイデン大統領の息子と中国企業との親密な関係が取り沙汰されている。

これらは、まるっきり無関係なのだろうか。

自動車産業を牛耳る中国資本

「中国は2030年まではC O_2 排出量の減少には転じない（事実上、C O_2 出し放題）」という話について、もう少し、深掘りしておこう。

現在、電気自動車に限らず、ガソリン車においても、世界の自動車産業は中国資本に牛耳られていると言っても過言ではない状況になっている。

例えば、ダイムラー社の筆頭株主は中国資本（三位株主も中国資本）だ。つまり、メルセデス・ベンツは、事実上、中国資本の支配下にあると言っていい。実はロータスもボルボも、中国資本が51％超、入っている。

ヨーロッパの大手自動車メーカーで中国資本の影響がないのは、フェルディナント・ポルシェ博士のポルシェ家が株を持っているフォルクスワーゲン・グループだけと言っていい。

フェルディナント・ポルシェ博士は、自動車のデザイン事務所としてのポルシェ事務所を設立。

フォルクスワーゲン・タイプ1の設計などを手掛けている。

自動車メーカーとしてのポルシェは、息子のフェリー・ポルシェの代に設立された。

そのポルシェ家は、創業時から関係が深いフォルクスワーゲンの大株主なのだ。

さらに、法人ポルシェの株は100％、フォルクスワーゲンが持っている。

法人ポルシェは、フォルクスワーゲンの完全子会社なのだ。

完全子会社化に際して「フォルクスワーゲンがポルシェを買収した」などと騒がれ

たが、実際はポルシェ家が支配企業を統合したという解釈の方が正しいだろう。

いずれにしても、このフォルクスワーゲン・グループ（アウディ、ランボルギーニなども含む）には、中国資本は入っていない。

逆に言うと、他の大手自動車メーカーはことごとく中国資本の支配下にあるということだ。


2021年1月、FCA（フィアットグループ）とPSA（プジョーグループ）が合併（共同出資）して、ステランティスが誕生した。

この2社は、元を辿れば、イタリアとフランスの国策会社だ。ヨーロッパの国策会社2社の合併だが、ここには中国資本（東風汽車グループなど）が大きく入り込んでいる。

ガソリン車にしてこの状況なわけだが、電気自動車ともなれば、中国製電池等、主要部品の多くを中国に頼っている。

これは、フォルクスワーゲンもBMWもメルセデス・ベンツもそうで、新しい電気自動車のほとんどが中国製リチウムイオン電池を使っている。

現在はハイブリッドもバッテリー電気自動車も、電池（リチウムイオン電池）はほぼすべて中国の国策会社であるＣＡＴＬ（Contemporary Amperex Technology：寧徳時代新能源科技）製である。

また、パナソニックとトヨタの合弁会社なども、工場はどんどん中国に移している。

もちろん、ヨーロッパ車はトヨタ・パナソニック製ではなく、中国製を利用している。

このように、ヨーロッパの自動車産業はほぼ中国資本に支配されているのだが、これは自動車産業特有の事例ではない。

ヨーロッパ経済は、事実上、中国資本によって支えられている（支配されている）状況なのだ。

アメリカの景気がよかった２０００年代、ヨーロッパ経済は没落しそうになったのだが、それを救ったのが中国資本だった。

数年前まで、アメリカと中国も蜜月関係が続いていたので、中国資本がヨーロッパ経済に救いの手を差し伸べたことに対して、アメリカも特に文句を言ったりはしなかった。

というより、むしろウォール街も中国資本と組んで、一儲けしようと企んでいたということだろう。

政治的背景としては、中国ロビーがアメリカでもヨーロッパでも強かったということなのだが、本書ではそこには深入りしない。

ここで言いたいのは「中国を発展途上国扱いのままにして、事実上、CO_2出し放題の状態にしておいた方が、ヨーロッパもアメリカ（ウォール街）も都合がいい」ということだ。

トランプ前大統領は「（パリ協定において）中国はアンフェアだ」と言ったが、世界各国の産業界が「中国がアンフェアであることを支持している」とも言えるのだ。

中国の発展途上国扱いがおかしいさらなる理由

２０１６年10月、ＩＭＦ（世界通貨基金）は、中国の元（人民元）を特別引出権（ＳＤＲ）通貨バスケットに採用した。

ＳＤＲとは、ＩＭＦ加盟国の準備資産を補完する手段として、１９６９年にＩＭＦが創設した国際準備資産である。

ＩＭＦ加盟国は、自国の割り当て範囲内で通貨バスケットに採用されている通貨を引き出すことができる。

これによって、通貨危機や財政破綻といった金融危機・財政危機を防ごうという仕組みである。

２０１６年9月までは、この通貨バスケットして採用されていた通貨は、米ドル、英ポンド、ユーロ、円の４つだった。

これに、中国の人民元が加わったのだ。

これはつまり、世界（ＩＭＦ加盟国）が人民元を世界通貨と認めたということだ。

採用されるには基準があり（過去5年の輸出額が基準以上であることと、「自由利用可能通貨」と認められること）、その基準を（一応）クリアしたからこそ、採用されたわけだ。

当然のことながら、途上国の通貨が認められるなどということはあり得ない。

米ドル、英ポンド、ユーロ（ユーロ導入以前は、独マルクと仏フラン）、日本円という堂々たる世界通貨と、中国の人民元は肩を並べたのである。

それなのに、CO_2排出に限っては依然として「途上国扱い」というのはどういうことなのか。

ダブルスタンダードにもほどがあると言えよう。

もちろん、その方が都合がいい人たちがたくさんいて、しかもその人たちがCO_2排出権について、強い発言権を有しているからである。

バイデン大統領と中国資本

アメリカのバイデン大統領が、就任初日でWHO復帰の大統領令に署名した話はすでにしたとおりだ。

バイデン大統領と中国との関係は、就任前からさまざまなメディアで報道されている。

特に息子のハンター・バイデン氏と中国資本とのつながりについて、多くの報道がなされている。

ハンター・バイデン氏の中国企業とのつながりに関しては、インターネットで検索すればたくさん出てくるが、ここでは電気自動車に関わる部分（のさらに一部）について紹介しておこう。

中国の投資会社で、渤海華美股権投資基金管理有限公司（Bohai Harvest RST：BHR）という会社がある。

ハンター・バイデン氏はこの会社のディレクターであり、コンサルタントとして取締役会のメンバーとなっている。

このＢＨＲという会社は、中国銀行傘下の中銀国際や、地方政府、国営年金基金などの支援も受けている。

要するに中国の国策会社である。

２０１４年の設立当初、ハンター・バイデン氏が共同設立者となっている投資会社Rosemont Seneca Thornton LLC（ＲＳＴ）が、この会社の株を30%保有していた（その後、一部は売却されたようだが、現在も10%保有していると報道されている）。

そして、ＢＨＲはすでに述べたリチウムイオン電池メーカーのＣＡＴＬに、１億人民元を投資して、数年後、約2倍の値段で利益を上げている。

また、現在も資本関係は続いているとされている。

つまり、ＣＡＴＬは事実上、ハンター・バイデン氏が何らかの影響力を行使できる会社だと言えるし、少なくともＣＡＴＬの利益拡大は、ハンター・バイデン氏の利益拡大につながる。

ハンター・バイデン氏と中国資本とのつながりは、バイデン大統領がオバマ政権の副大統領だった時代にさかのぼる。

中国資本としては、副大統領の息子を抱き込んで、アメリカを丸め込み、うまくビジネスを展開してきたわけだ。

トランプ政権になり、やや圧力を受けるようになったが、なんと次の政権では、以前に抱き込んだ男の父親がアメリカ大統領になってしまった。

中国資本としては、これほどラッキーなことはない。

当然、このラッキーを利用しない手はない。

いまこの原稿執筆の瞬間にも、中国資本家たちはハンター・バイデン氏と巨大なビジネスの話を進めているに違いない。

バイデン大統領は「息子のビジネスについて、私は知らないし、関係ない」と言っているが、そんな言い訳がはたして通用するだろうか。

また、表向きは中国に対して、「アメリカの覇権を奪おうする行為は許さない」として、強い態度に出ているように見えるが、はたして本音はどうだろうか。

息子のビジネスの成功という、甘い誘惑に勝てるだろうか。

今後、アメリカは中国のCATLが利益を拡大させるような政策を打ち出してくる可能性が高いのではないだろうか。

テスラが巨大な力を持てた理由

第1章、および第2章で、電気自動車メーカー・テスラの話をした。

テスラは、日本政府を動かすほどの力を持ち、世界をも動かしつつある。

なぜ、一新興企業がこれほどまでに力を持つようになったのか。

もちろん、「金」の力である。

では、テスラはなぜそれほどまでに巨大な権力を行使できるほどの「金」を手にできたのだろうか。


ヨーロッパのルールでは、電気自動車は走行時にCO_2を出さないので、この分については、CO_2を出すガソリン自動車メーカーが排出権取引として、枠を買い取れる。

これでテスラは、ヨーロッパメーカーに枠を売って利益を上げている。

最近では、フィアットグループと、数年間で約2000億円分のディールをし、株価が高騰した。

報道によれば、2020年4〜6月期のテスラの「CO_2排出権」の売却益は4億2800万ドル（1ドル＝107円換算で約458億円）に上る。

多少の上下はあるものの、毎四半期ごとに「CO_2排出権」だけでこれほどの利益を得ているのだ。

前にも述べたとおり、本気で地球規模でのCO_2を減らしたいのであれば、そもそも「CO_2排出権」などという考え方そのものが間違っている。

「CO_2を出さなかった分は、出したい企業に売っていい」などということをやっていて、地球全体のCO_2が減るわけがない。

「CO_2を出さなかった分は、売らずにそのままにしておく」のが、最もCO_2を減らす方法であることは、子どもでもわかるだろう。

テスラの電気自動車が出さないCO_2をフィアットグループのガソリン車が出すのだから、地球全体のCO_2は減らない。

そして、排出権取引は国家間でも行われている。

この排出権取引では、大きなお金が動く。

そのお金に目がくらんだ一部の人間が政権を動かし、本当はCO_2が多く出てしまう政策を「エコ」と信じて推し進めてしまうという、なんともおろかな事態に日本、いや世界中が陥っているのである。

テスラの錬金術のもう1つは、これも前に少しだけ触れたが「シリコンバレー方式による投資」に成功したことだ。

「シリコンバレー方式による投資」とは、製品がないうちに出資を集め、そのお金で製品を作るという方式である。

私たちがソフトウェアを開発するときなども同様なのだが、先に完成品があるわけではない。

「こういうソフトウェアを開発します。ついては、出資をお願いします（あるいは、公的な補助金をお願いします）」と言って、お金を集めて、そのお金を開発資金として使うのである。

テスラの電気自動車もこの方式でお金を集めて、開発された。

当初は製品もなく、あったのは「ストーリー」だけだ。

出資者たちは、イーロン・マスクCEOの「これからはエコの時代。テスラは地球環境にやさしい電気自動車をつくり、地球環境を守る」という「ストーリー」に出資したのである。

この方法は大成功した。

イーロン・マスク氏の「ストーリー」は多くの出資者の心をつかみ、彼は多額の出資金を集めることに成功した。

製品は何もなく、「ストーリー」だけでスタートしているので、当然のことながらテスラの技術力は、既存の自動車メーカーからすると、とんでもなく低いものだった。

しかし、出資者も消費者も「ストーリー」にお金を払っているので、技術力の低さなど問題ではなかったようだ。

そもそも、電気自動車にはこれまでのガソリン車のような高い技術が必要な部分は極端に少なかった。

だが、消費者にとっては困る部分もあった。

発売当初のテスラは（もしかすると、現在もあまり変わっていないかもしれないが）、運転席のドアがうまく閉まらないというレベルの信じられない現象が多数見られたという。

これに関して、テスラ側も、特に気にする様子はなかった。

ここでも「シリコンバレー方式」だったからだ。

つまり、ソフトウェアと同じで、リリース当初のバグ、不具合は当たり前。そんなものは不具合が見つかった時点で改善して、バージョン2・1，バージョン2・2のようにアップデートしていけばいいのだという発想なのだ。

ソフトウェアなら、そのまま上書きができるので、それでもいいだろう。

しかし、自動車はそうはいかない。

安全に関わるリコール案件なら別だが、ドアが閉まらない程度の（想定内の）不具合が見つかるたびに、新しい車に取り換えてくれるなどということがあるはずがない。

一度、購入したユーザーは、細かな不具合には目を瞑り、「ストーリー」のために我慢しながら、その車に乗り続けなければならないのだ。

「消費者も『ストーリー』を買ったのだから、細かいことに文句を言うな」というのがテスラの論理であり、そうやってお金を集めたのである。

グレタちゃんはなぜ中国批判をしないのか

２０１９年9月、ニューヨークで開かれた国連気候変動サミットにおいて、スウェーデンからやってきた、当時16歳の環境活動家グレタ・トゥーンベリさんが地球環境に関する「怒りのスピーチ」を行い、話題となった。

厳しい表情で、時に声を荒げて、経済活動で地球を破壊し続ける大人たちを批判した。

私も「経済活動で地球を破壊し続ける大人たち」には批判の声をあげたい。ましてや、「エコロジー」という美名を盾にずるいことをして金儲けをする輩を、強く非難したい。

ただ、私には同時に、グレタさんへの疑問も生じている。

本気で地球温暖化を阻止したいのであれば、自身が飛行機に乗らないとか（スタッフは飛行機で移動していたらしいが）、肉を食べない（畜産はCO_2排出量が多いと言われている）といったことだけではなく、パリ協定の「中国ばかりを利するアンフェアなルール」や中国に工場を持つテスラのような会社が「CO_2排出権ビジネス」で金儲けをすることなども批判すべきだろう。

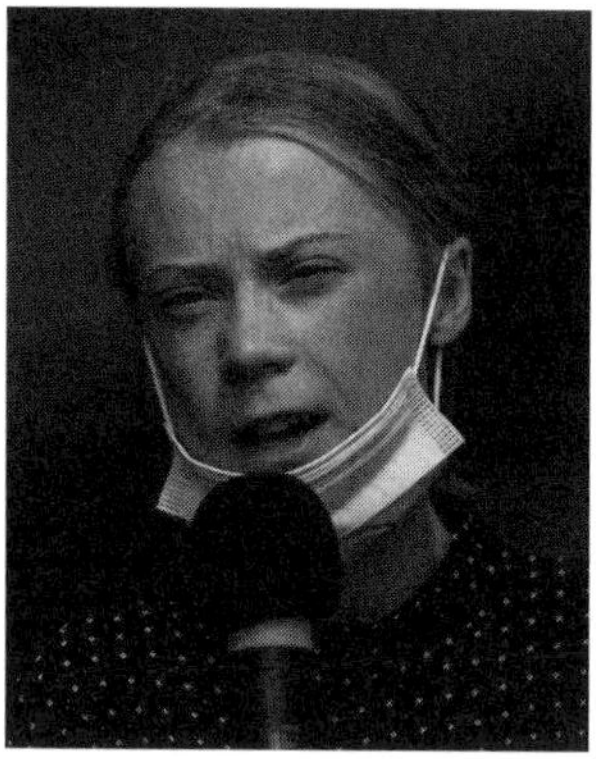
グレタ・トゥーンベリ氏
©Maja Hitij/Getty Images

しかし、本書の執筆時点では、グレタさんから中国のCO_2排出に関する批判の言葉を聞いたことがない。

あえて中国批判を避けているかのようだ。

これでは、あの渾身の演説にも信憑性が得られない。

このような批判が相次いでいるため、今後、うわべだけの中国批判をする可能性はある。

グレタさんは、CO_2排出削減を訴えて、ソーラーパネルを備えた船で世界を旅していたが、これにはいくつかの企業がスポンサーとして参加しているという。

そのスポンサー企業の少なくとも一社は中国企業だと言われている。

また、グレタさんを支える二つのＮＧＯのうち一つは中国に近いとされる。

だから、グレタさんは中国批判をしたくでもできない立場なのだ。

そして、先ほども述べたように、この船のスタッフや船長までもが、飛行機で移動していたという報道もあった。

グレタさんがいかに本気で地球温暖化阻止に取り組んだとしても、周囲にいる大人たちは、結局は「パフォーマンス」の域を出ていない。

グレタさん自身も「経済活動で地球を破壊し続ける大人たち」にうまく利用されただけの「駒」のひとつに過ぎないのではないかという疑念が、どうしてもぬぐえないのである。

そうではないということであれば、是非とも「中国のCO_2出し放題」の現実を強く批判してほしいと思う。

そして、次章以降で述べる私の提案についてどのように評価されるか、ぜひお聞きしてみたいものである。

中国を中心に巨大なグローバルビジネスが展開されている

世界は本気で「エコロジー」を考えているわけではない。

いや、考えている人もいるだろうが、現実の動きはそうなってはいない。

むしろ、「中国のCO_2排出無制限（事実上）」を支持する動きの方が目立つ。

ドイツに建設されたCATLのバッテリー工場
©Martin Schutt/picture alliance via Getty Images

それによって大きな利益を得る人たちがいるからだ。

そして、彼らの利益のおこぼれをいただける人たちがいて、彼らは政治権力とも巧みにつながっているのだ。

結局、「このままでは地球は危ない」とか「これからはエコロジーの時代だ」などと言う人たちの多くは自分たちのビジネスのために言っているのだ。

「エコビジネスは儲かる」ということである。

彼らにとっては、地球環境が悪化すればするほど、自分たちの主張が正当化される。

さらに、中国がCO_2排出無制限であることがビジネス成功のカギとなるし、CO_2排出権売買は彼らにとって最高においしいビジネスなのだ。

エコビジネスは中国を中心に回っていると言っても過言で

はない。

特に車載電池メーカーの最大手は、中国の寧徳時代新能源科技（ＣＡＴＬ）で、日産など日本の自動車メーカーの車にもすでにＣＡＴＬのバッテリーが搭載されている。車載電池市場はＣＡＴＬの一人勝ちといった様相を呈している。

電気自動車が世界の自動車の主流となれば、ＣＡＴＬの市場はそれこそ途轍もなく大きなものになる。

ＣＡＴＬが自動車業界を牛耳り、世界の自動車メーカーはＣＡＴＬなしでは自動車生産ができないという事態になるだろう。

中国の企業は、その関与の度合いの違いはあれど、事実上、国営企業、少なくとも国策企業である。

このままでは、「ウソのエコロジー」によって世界は中国企業（事実上、中国共産党）に牛耳られ、コントロールされてしまいかねないのだ。

電気自動車から情報が洩れる

ウソのエコロジーの問題はともかく、中国企業が自動車産業を牛耳ることについては、それでもかまわないのではないかと思う人もいるかもしれない。

たしかに、そういう考え方もあるかもしれない。

これまでは世界経済を牽引してきたのはアメリカだったが、それが中国に変わるだけなのではないかと思うのだろう。

ただし、そう考えるのであれば、「5Gの時代にファーウェイのスマホは危険だ」とか「中国製の通信端末を使うと情報がすべて傍受される」などといった批判も一切するべきではない。

ここでも「インターネット通信での情報傍受と電気自動車のような『製品』製造は別だ」と思う人がいるかもしれない。

しかし、それは大きな間違いだ。

私は以前からいろいろなところで述べているが、自動車にはICTの技術が多く詰め込まれている。

コンピューター制御なしには、自動車は動かない。もちろん、通信機能も充実している。まさに走るコンピューターなのだ。

自動車に搭載されたコンピューターがハッキングされる事例も現実に起こっている。それもあって私は、2000年頃に某大手メーカーに自動車搭載のコンピューター用のセキュリティシステム導入を提案したことがある。

しかし、その大手自動車メーカーは、そのときは興味を示さないどころか「うちは大丈夫です」と自信満々に断ってきた。

20年前のことである。

仮にインターネットに接続していないコンピューターであってもハッキングは可能だという事実を知らないのだ。

ガソリン車ですら、走るコンピューターなのだから、電気自動車ならなおのこと、電子制御機器に頼る部分も多いだろう。

一般のパソコンや企業のサーバーと同様、自動車の情報セキュリティにも気を遣う必要があるはずだ。

ハッカーたちが欲しがるのは個人情報だろう。いつどこにどんなルートで移動しているかといった情報が集められて、マーケティング情報として悪用されるかもしれない。

さらにハッカーたちが本気になれば、自動車事故を故意に起こさせるような、危険なハッキングもできてしまうだろう。

そうした事態まで想定しておく必要もあるのだ。

「悪意のあるハッカーの多くは中国の人だという情報もあるし、そうだとすれば自動車業界を中国が牛耳る分には問題がないのではないか。事故など起こせば、自分たちの国の産業を棄損させることになるのだから、わざわざそんなことをするはずがない。むしろ中身を知っている中国人たちをホワイトハッカーとして、セキュリティ強化に協力してもらえばいい」という意見もあるかもしれない。

これは一理ありそうだ。

中国の優秀なハッカーたちをホワイトハッカーとして、セキュリティ強化のために自動車産業が抱え込めばいい。

ただし、悪意のあるハッカーがすべて中国の人というわけではないし、中国のハッカーと一括りにするのも危険だろう。

ハッカーたちが一枚岩で、ひとつのことだけを狙っているのであれば話は簡単だが、そうではない。

中国の自動車産業を守りたいグループもあれば、そうしたグループと敵対していたり、距離を置いたりするグループもいよう。

そこに政治が絡めば、足の引っ張り合いになることもある。

自国の産業もろとも政敵を失脚させ、自分が権力を握ったあとで、新たに産業を起こせばいいと考える勢力が出てこないとも限らない（ちなみに、テスラ車をアプリのハッキングによって盗むという動画も話題になった）。

実際、中国政府は、政府関係者のテスラ車の利用を制限するとしている。国家機密に関わる情報の漏洩を防ぐためだという。

これはまさに、事の複雑さを物語っている。

まずは、中国政府が「テスラ車からは、国家機密の情報漏洩もあり得る」と認めたことになる。

おそらく、自分たちもやっているか、やろうとしているので、「あり得る」と断言できるのだろう。

そして、「中国政府に対抗する勢力が、テスラ車から情報を盗むこともあり得る」とも認めたことになる。

テスラ車からの情報漏洩を狙う勢力は、一つの陣営だけではないのだ。

それどころか、誰でもできてしまうと言っているようなものだ。

電気自動車産業が、ウォール街、中国資本、さらにはテスラの宇宙開発関連で国際宇宙ステーションを通じてロシアとも手を組んでいるとしたら、悪意のあるハッカーからの攻撃に対するこのタッグチームのセキュリティは強固なのかもしれないが、実際にはチームのバランスは崩れていて、電気自動車の情報セキュリティはとっくに崩壊しているのかもしれない。

製造をやめると技術は途絶える

ここまで何度も述べてきたとおり、菅政権の「ガソリン車ゼロ政策」は愚の骨頂である。

菅政権は明らかに中国支配のエコビジネスの中にある。

さまざまな利権が絡み合って生まれた政策であることは、すでに見たとおりだが、それでもまだ地球環境のためになるのであれば救いがある。

しかし、地球環境にも悪い上に、ごく一部の誰かが儲けるためだけの政策なのだ。

さらに問題なのは、「技術」が廃れてしまうことだ。

これもすでに述べたが、ガソリン自動車というのは、まさに技術の粋を集めて造られている。

電気自動車の技術は、ガソリン車に比べたらほとんどいらないと言っても過言ではない。

技術というものは、一度途絶えると、簡単には元に戻すことができない。

技術で最も大事なことは「継承」である。

そういう意味でも、「ガソリン車ゼロ政策」は日本の自動車メーカー潰しの政策なのだ。

ある製品を造るのをやめると、その製品で使われていた技術は、他の製品で使われない限り、途絶えてしまい、次世代に継承することができなくなる。

スイスの時計メーカーで「ゼニス（Zenith）」という会社がある。

時計の内部機構（ムーブメント）まですべて自社で製造できる時計メーカーである。

機械式の、いわゆる「自動巻き」の時計を造っていた。

その後、日本の時計メーカー「セイコー」がクォーツ時計を開発・発売し、さらにのちに特許を公開したことで、各社が競ってクォーツ時計を発売し、クォーツ時計の価格が大幅に下がった。

「クォーツショック」などと呼ばれる、時計の一大産業革命が起こったのだ。

機械式時計のゼニスは、これにより経営危機に陥り、テレビなどを造っていたアメリカの家電会社に買収された。

買収した親会社は「これからはクォーツの時代だ」として、機械式時計の生産をやめさせた。

新しく来た経営陣から「図面や金型まですべて廃棄しろ」と言われたが、機械式時計の技術が途絶えたらまずいと考えた当時の工場長はこの指示に従うふりをしつつ、図面や金型などを靴箱に詰め、こっそり工場の屋根裏に隠した。

およそ10年後、ゼニスはスイスのファンドに買収され、再びスイス資本に戻った。この頃、クォーツ時計の価格はさらに大幅に下がっており、もはや日用品の一つと化していた。

利幅の薄いクォーツ時計よりも、コアなファンが多い機械式時計の方が利幅が大きいと判断したスイスの経営陣たちは、ゼニスに機械式時計の製造を復活させることにした。

もし「クォーツショック」のときに、アメリカの経営陣の指示どおり、機械式時計の図面や金型を廃棄してしまっていたら、ゼニスはスイスの経営陣の要求に応えることはできなかっただろうし、機械式時計を製造する技術は現代にも伝わっていなかっただろう。

まだ、10年という、比較的短い歳月だったので、当時の技術者を呼び戻すことができた。

それでも、製造停止以前のような精密な時計を造るのには時間がかかった。技術とはそういうものだ。

菅政権の「ガソリン車ゼロ政策」が実行されたとき、トヨタや日産などの技術者たちはゼニスの工場長のように、技術の継承のために全力を尽くしてくれるだろうか。

それとも、「これからは電気自動車・水素自動車の時代だ」と言って、ガソリン車の技術をすべて廃棄してしまうのだろうか。

私たちはなぜウソの「エコビジネス」に騙されてしまうのか

ハイブリッド車が登場したときにも「実はWell to Wheelで考えたら、リチウムイオン電池の製造における環境負荷を考慮すると、ハイブリッドはエコじゃない」という主張はあった。

当時はまだ「Well to Wheel」という言葉はなかったかもしれないが、「製造過程からトータルで見たら、ハイブリッド車の方がCO_2排出量は多くなる」という考え方はすでにあった。

私も主張したし、きちんとわかっていて私と同じ主張をした方々も少なからずいた。ある程度の賛同は得られたのかとも思ったが、今回、「電気自動車でエコロジー」といった謳い文句に多くの人たちがコロッと騙されてしまう状況を見ると、あまり伝わっていなかったのだと、改めて実感させられる。

「地球温暖化を電気自動車で改善させよう」などというウソに、多くの人々が騙された。

政治家も騙され、総理大臣も騙された（わかっていて騙されたふりをしているのかもしれないが）。

少し考えればわかりそうなものだが（少しも考えていないのかもしれないが）、なぜこうも多くの人が「ウソのエコビジネス」に騙されてしまうのだろうか。

私は、これは心理学的な「吊り橋効果」が働いたことが大きいと考えている。

「吊り橋効果」とは何か

私はなぜか男性から「初めてのデートでは、どこへ行ったらいいですか」などと相談されることがよくある。

心理学的なアドバイスを期待されているようなので、必ず「ホラー映画のような恐怖感を伴うような体験を一緒にしなさい。そのとき、けっしてあなたが怖がってはいけない。堂々として彼女をしっかりと守りなさい」と言うようにしている（逆に女性に相談された場合は「吊り橋効果には気をつけなさい」と言うようにしている）。

この「吊り橋効果」が、二人の関係に大きな影響を与えることがわかっているからだ。

「吊り橋効果」とは、「強い臨場感空間を共有すると、人はその臨場感空間の支配者に強いラポール（共感・好感）を覚える」という効果のことだ。

そして、臨場感空間の共有で最も強い効果を生むのが「恐怖」だ。

つまり、初めてのデートで恐怖感を伴うような吊り橋を一緒に渡るような恐怖体験を共有すること（先ほどの例では「ホラー映画のような恐怖感を伴うような体験」を一緒にすること）で、二人は強い臨場感空間を共有することになる。

その臨場感空間において、一方がその支配者となれれば、他者はその支配者に強いラポールを感じるようになる。

男性が女性をしっかりと守る態度を取り続けることで、臨場感空間を支配し、女性は男性にラポールを感じるようになるということだ。

余談ながら、こうしたケース、むしろ男性の方が恐怖に怯えてしまい、女性の方が意外に平気なことが多いらしい。

そうなると、女性の方が臨場感空間の支配者となり、男性は女性にラポールを感じ、女性が男性を支配していくということも少なくないと思う。

この「吊り橋効果」と同じ仕組みで、さらに恐怖が強くなると「ハイパーラポール」という、とても強いラポールが生み出され、臨場感空間の支配者の支配力も非常に強くなる。

その典型的な例としてよく知られているのが「ストックホルム症候群」である。

１９７３年、スウェーデンのストックホルムで銀行強盗が発生した。

犯人は人質を取って、銀行内に立て籠もった。

５日間、立て籠もったのち、犯人は逮捕され、人質は全員、ほぼ無傷で解放された。

ところが、取り調べになると、人質から犯人を擁護するような証言が相次いだ。

警察に対して、露骨に反抗的な態度を取る人質もいた。

さらには、立て籠もりの最中、犯人が寝ている間、人質が警察に対して銃口を向けるという事実があったことがわかった。

人質が犯人に協力して、警察に敵対するような行動を取っていたのだ。

これは「命の危険をも伴うような、強い臨場感空間においては、その臨場感空間の支配者に対して、他者は強いラポールを覚える」という「吊り橋効果」と同じ論理で説明できる。

私はこれを「ハイパーホメオスタシス」という言葉で説明している。

この「ストックホルム症候群」と似たような事例は、世界各地で何度も起こっている。ストックホルムでの銀行強盗だけが特殊な例だったというわけではないのだ。

さて、この話と「ウソのエコビジネス」とは、何の関係があるのか。

鋭い読者の皆さんは、すでにお気づきかもしれない。

そう、私たちはいま「地球温暖化によって、私たちや私たちの子孫は命の危険にさらされることになる」といった恐怖感を伴った臨場感空間を共有しているのだ。

命の危険まで伴うと考えるかどうかは人によると思うが、少なくとも「このまま地球温暖化が続けば（＝CO_2を排出し続ければ）地球が危ない」という危機感を強く感じている人は多いはずだ。

恐怖を伴った臨場感空間である。

ここで「私のこの政策が実現すれば、地球を守れます」「私の会社のこの車に乗り換えれば、地球を守れます」と言う人が現れれば、この臨場感空間の支配者となれる。その発言者が総理大臣ともなれば、リアルに支配しているも同然なので、その支配力はさらに強くなる。

多くの人が「この人の言うとおりにすれば、地球環境は守られる」という強いラポールを抱いたとしても不思議ではない（ただし、総理大臣の方は新型コロナウイルス感染症対策で後手を踏み、当初のような高い支持率は失われ、ラポールが急速に衰えているようにも思われる）。

こうして、多くの人が「ウソのエコビジネス」を「地球温暖化を阻止するすばらしい政策」と信じ込むことになった。

この「吊り橋効果」を伴う強い思い込みを修正するのは、簡単ではない。

しかし、少しずつでも「脱洗脳」を試みていかなければと思っている。

現在の新型コロナ禍においても、同様な効果を演出している政治家も目に付く。

本書が「脱洗脳」の一助となればと思い、この原稿を書いている。

さて、ここまで「ウソのエコロジー」＝「エコビジネス」の実態について述べてきたが、次章からは私が考える「本当のエコロジー」について述べていきたいと思う。

この「本当のエコロジー」が世の中に広まれば、CO_2排出量は減り、世界は地球温暖化阻止へと大きく舵を切ることになるだろう。

とりあえずは日本が国家的に取り組むことを想定し、提案していくが、これが実現したときには、日本は世界に誇れるエコロジー大国となることだろう。

第4章

CO_2を本気で削減するための林業復活プロジェクト

本気でCO_2を減らすための人工林

前章までで、現在「CO_2削減」や「エコロジー」と言われる活動がいかにウソまみれであるか、いかにビジネスまみれであるかを見てきた。

「エコロジー」という、誰もが反対しづらい概念を利用して、自らのビジネスを拡大しようというよこしまな人たちがいる。

そこで私はこの章で、「本気でCO_2を削減するためのプロジェクト」を提案したいと思う。

私が地球温暖化阻止の決定的な切り札として提案するのは「林業復活」である。

現在のところ、すべての地球温暖化対策は「CO_2排出量を削減する」というものになっている。

つまり、基本的にCO_2は増え続けることになる。

2060年までに「カーボンニュートラル（CO_2の排出量と吸収量を同じにして、

事実上の排出量をプラスマイナスゼロにする）」を達成するといった話になっているのだが、そんな先の話まで真剣に考えているとはとても思えないし、そもそも2030年までに何とかしないと取り返しがつかないという説があるのに、2060年にプラスマイナスゼロにする（それまではCO_2を増やし続ける）のでは、まったく間に合わない。

私の提案は、簡単に言うと「若木を植えて人工林をつくり、木の光合成を利用して、CO_2をいますぐ減らしにかかろう」というものだ。

光合成については、小学校の理科でも習うものなので、ここで詳しく述べる必要はないと思うが、簡単に説明しておくと、植物が水とCO_2を取り入れ、葉などの緑色の部分（葉緑体）に太陽の光を受けることによって、炭水化物（糖やデンプン）と水と酸素（O_2）を作り出す作用のことだ。

炭水化物は植物の体内に残るので、外側から観察する限りでは、植物がCO_2を取り込んで、O_2を吐き出しているように見える（実際、そうしている）。

正確には、植物といえども常に呼吸をしている（この事実を意外に知らない人が多いのには驚くが、すべての生命体は呼吸をしており、当然、植物も例外ではない）ので、O_2を取り込んでCO_2を排出しているのだが、光合成で取り込むCO_2の量の方が呼吸で吐き出すCO_2の量よりも多い昼間の時間帯（太陽光が十分に得られる条件下）では、差し引きするとCO_2を取り込んで、O_2を出していることになる（光合成ができない夜などは、CO_2の排出量の方が多くなる）。

ちなみに、光合成の化学式を書いておくと次のようになる。

酸素発生型光合成の化学式

$6CO_2 + 12H_2O \rightarrow C_6H_{12}O_6 + 6H_2O + 6O_2$

日本は年間を通して、日照時間が比較的長いので、森林にはCO_2を吸収してO_2を出す働きがあると言っていい。

さらに、日本は森林面積がとても広い国である。

日本の森林面積は2510万haで、国土面積に占める割合は約66％。

つまり、国土のおよそ3分の2が森林という、世界の、特に先進国中では有数の森林大国である。

そして、森林面積は、ここ50年以上、ほとんど横ばいで変わっていない。

日本は高度経済成長以降、全国各地で都市化が進み、自然を破壊し、人工的な街をつくってきたようなイメージがあるが、事実はそうではない。

森林面積はずっと変わっていないのだ（田畑の面積は、政府の減反政策などもあり、減っている）。

森林面積が変わらないのには、主に2つの要因がある。

1つは戦後、国の政策として植林（拡大造林）が行われたため。

もう1つは、その植林された木が大きく育ったあとも、木材として使われずに、そのまま残っているためだ。

森林面積が広いのだから、日本は国全体としては、すでに「カーボンニュートラル」が達成されているのではないかと考えたくなるが、必ずしもそうではない。

実は、巨木の多い、成長バランスが取れている（成長しきった木が多い）森林のCO_2吸収量は、意外に少ないのである。

私たちは緑の植物がそこにあれば、光合成によってCO_2が吸収され、O_2が排出されるとイメージしてしまいがちである。

「森林浴」などという言葉もあるように、森林の中では酸素濃度が高く、体にもいい影響がありそうに思われるが、実はそうとも限らないのだ。

成長が緩やかになった巨木は、巨大な自分自身を支えるためのエネルギーを必要とする。

大きくなればなるほど、自分のためのエネルギーが必要になるのだ。

では、そのエネルギーはどのようにつくられるのか。

光合成でつくった炭水化物を、呼吸によってエネルギーに変えるのだ。

つまり、必要なエネルギーが大きければ大きいほど、呼吸によってできるCO_2の排出量も多くなる（O_2の摂取量も多くなる）。

また、巨木は若木に比べ、体を大きくするスピードも遅くなる。

植物が光合成によって炭水化物をつくる目的は、いま述べたように「エネルギー産生のための材料にする」という側面もあるが、他に「自分自身の身体をつくる（幹や枝、葉や茎などを大きくする）」という側面もある。

要するに「細胞壁をつくる」ということだ、

植物の細胞壁は、基本的にはグルコース（ブドウ糖）がいくつもつながってできているセルロースからなる。

分子式は「$(C_6H_{10}O_5)n$」で、これは「$C_6H_{12}O_6$」（グルコース）から「H_2O」が取り除かれたものがn個（つまり、たくさん）つながっているというものだ。

光合成でつくられた炭水化物がその材料になっていることがわかるだろう。

若木は成長が活発で、どんどん細胞壁をつくっていくので、たくさんCO_2を吸収して光合成を盛んに行い、それを細胞壁にしていく。

しかし、成長した巨木は若木ほど細胞壁をつくらず、身体を支えるエネルギー産生に炭水化物を使うため、若木よりもO_2の呼吸量が増え、CO_2の吸収量は減るというわけだ。

その結果、我々が植物に対して持っているイメージと異なり、意外にたくさんのCO_2を排出してしまうのだ。

若木の少ない、巨木だらけの森林では、CO_2排出量の方がO_2の吸収量より多い場合もあり得る。

まあ、森林浴の効果・目的はO_2の摂取だけではない（自然との一体感による精神的なリラックス効果など）ので、「よくない」というつもりはないが、「酸素をたくさん吸ってリフレッシュする」ことを狙っているとしたら、実際にはそうはなっていない可能性が高いということだ。

では、「カーボンニュートラル」（あるいは、「カーボンマイナス（＝CO_2を減らす）」）にするためには、どうすればよいのか。

もちろん、「若木を植林して、人工林を増やしていけばいい」ということになる。

人工林拡大のカギは「林業復活」

こうして我々はいま、「CO_2削減のための最善策は、植物の若木を増やすこと」という、至極当然の結論に辿り着いた。

現在、行われているような、産業による排出量削減という政策は、結局はビジネスの種になるだけであり、CO_2削減どころか、むしろ増やす方向に全力疾走していることは、世界規模での電気自動車推進策を見るだけでも明らかだ。

「CO_2排出量削減」ではなく、「CO_2そのものを削減」することを考えなければならない。

その方法は、現在のところ「植物の光合成」に頼るほかはない（最終章で、それ以外の方法があることを見ていくが、現在のところ、まだまだ発展段階であり、少なくとも広くは普及していない）。

もちろん、「植物の光合成」によるCO_2そのものの削減を行うのと同時並行的に、産業界でさまざまな取り組みがあってよい。

こっちをやればこっちは必要ないということにはならない。
どちらも全力でやればいいのだ（最終章ではこの部分について述べていく）。

さて、ここで「若木を植えると言っても、いまから人工林にするような土地の広さなど、たかが知れているのではないか」と思う人もいるかもしれない。

現在、森林ではない場所に若木を植えて、新たに人工林にするのであれば、たしかにそのとおりである。

ここで思い出してほしいのは、「十分に成長しきった巨木は、CO_2削減という観点からは、若木ほど貢献しない」という話だ。

つまり、成長しきった巨木は、むしろ切ってしまって、木材などとして利用した方がいいのだ。

成長しきった巨木を木材として切り出し、そこに若木を新たに植えれば、森林面積は変わらずとも、CO_2削減効果の高い若木が増えていき、全体としての削減効果は大幅に高まる。

林業という観点からも、産業として一気に活性化することだろう。

ただし、これは一筋縄ではいかない。なぜなら、現在の日本の林業は、ビジネスとしてはほぼ機能していないと言っても過言ではないからだ。

こう言うと林業従事者の方々から反論が来るかもしれない。

「私たちはちゃんと仕事をしています」と。

おっしゃるとおり、頑張っておられると思う。

ただ「では、政府や自治体からの補助金なしに、純粋なビジネスとしてやれますか」とお尋ねしたい。

現在の日本の林業は、木材の販売で成り立っているわけではなく、その多くは補助金で成り立っているのだ。

私は「林業に補助金を出すな」と言っているのではない。

政府は必要な補助金をケチる必要はない。

無制限に出せとは言わないが、必要なものをケチってもいいことは何もない。

問題なのは、林業がビジネスとして成り立っていないという部分である。

現在の日本の林業は、補助金をもらって森林管理（間伐など）をする仕事になっている。

いわば、森林を荒れ地にしないように管理する公務員のような存在なのだ。

繰り返すが、そのことが「ダメだ」と言いたいのではない。

これだと、巨木を切って、新たな若木を植えるという、人工林をつくってCO_2削減につなげるプロジェクトの実現が難しいということだ。

巨木を切って、若木を植えるという流れを、未経験者がいきなりできるとは思えない。

どうしても、既存の林業従事者の方々の力が必要なのだ。

人工林拡大（＝CO_2削減）のカギは、まさに「林業の復活」にかかっている。

日本の木材は高くない

ここで、少しだけ、日本の林業の現状について触れておきたいと思う。

その際に、私自身も大いに参考にさせていただいた本がある。

森林ジャーナリストの田中淳夫さんの著書で『絶望の林業』（新泉社）という本だ。

この本には、現在の日本の林業の問題点や、先ほど私が述べたような「森林によるCO_2削減効果」、さらには多角的な視点から見た今後の林業が向かうべき道筋などが述べられている。

日本の林業の現状を深く知ることができる本なので、興味のある方にはぜひ一読をお勧めしたい。

さて、現在の林業のほとんどが、政府・自治体からの補助金をもらって森林を管理するだけという実態になっていることはすでに述べたとおりだ。

なぜそうなってしまったのか。

それは日本の木材に対する需要が減ってしまった、つまり、日本の木材が売れなくなってしまったからだ。

では、なぜ日本の木材は売れなくなってしまったのか。

よく言われるのは「日本の木材はコストが高く、外国から輸入した木材の方が安いから」というものだ。

そういう側面もあるにはある。

しかし、『絶望の林業』では、少し異なる側面も紹介しつつ、この理由を解説している。

いわく、「日本の木材はけっして高いわけではない」のだと言う。

輸送コストまで考えれば、むしろ安いという。

これは意外な事実だろう。

ただし、ここで「安い」と言っているのは「丸太」の価格の話である。

製材された商品としての木材になると、国産木材は輸入木材に比べて、少々値段が高くなる（それでも、せいぜい1割から2割程度だという）。

なぜ製材後の価格が高くなるのか。

それは規模の論理、つまり日本では製材される丸太の数が少なく、製材所での大量生産があまり行われず、小規模な機械でひとつひとつやるため、人手もかかり、コストも上がるのだ。

海外では製材も大量生産で、丸太をポンポンと機械に入れていくだけで、大規模な機械が次々と製材してくれる。

そのため、コストが大幅に下げられて、商品価格が安くなるというわけだ。

「日本の木材は高い」というのは、イメージ先行の錯覚であり、国産木材需要が高まれば、製材企業も設備投資などによって大量生産ができるようになり、そうすることでコスト削減も可能になって、商品価格も下げることができるはずなのだ。

ここは、需要が先か、供給が先かという悩ましい問題になるのだが、これから私が提案する施策が実現すれば、国内の木材需要は大幅に高まるだろう。

そうすれば、製材企業の経営者の人たちも、競って設備投資をするはずである。

需要が大幅に高まって、多くの消費者が「木材がほしい」と言っているのに、そして目の前に木材が大量にあるにもかかわらず、何の手も打たない経営者などいるはずがない（いれば、あっという間に淘汰される）。

コンシューマー・サイドから、林業活性化が促されることになるだろう。

木を燃やす「カーボンニュートラル」

本書の冒頭で、冬に家庭用暖房の使用量が増えることで電力需給が逼迫し、大規模停電を起こす可能性があることから、電力会社が各家庭に対して節電を呼びかけたという話をした。

日本は現在、原発をほぼ止めているので、電力の大半を火力発電に頼っている。多くは海外から輸入するＬＮＧ（液化天然ガス）だが、これを燃やして発電すれば、当然のことながら、かなりのCO_2を排出することになる。

つまり、家庭の電力使用量を大幅に減らすことができれば、火力発電の発電量も減り、CO_2排出量も大幅に減らすことができるということになろう。

私がここで提案するのは、家庭の（特に冬場の）電力使用量を大幅に減らし、同時に林業復活の起爆剤にもなり、CO_2大幅削減により「カーボンニュートラル」、いや「カーボンマイナス」（CO_2排出量がマイナスになる）まで実現し、日本を世界に誇るエコ大国にするという、まさに一石数鳥にもなる施策である。

薪ストーブ（写真左上）、ペレット（写真左下）、ペレットストーブ（写真右）
©PHOTO NAOKI/PIXTA

それは、各家庭への「薪ストーブ」もしくは「ペレットストーブ」の導入である。

この提案をすると、必ず返ってくるいくつかの反論がある。

まず真っ先に返ってくる反論は「木材を燃やしたら、CO_2が出てしまうではないか」というものだ。

もちろん、木を燃やせばCO_2が排出される。

しかし、この提案は「若木の植林」とセットの政策である。

つまり、あまりCO_2を吸収しなくなった巨木を切って、CO_2をたくさん吸収する若木に植え替えるのである。

木を燃やして排出されるCO_2は、その木が自分自身の光合成で産生した炭水化物からつくられたものだ。

その木自身が光合成で吸収した以上のCO_2を排出することはない。

つまり、木の一生という視点で見ると、木を育てて燃やすというのは、完全な「カーボンニュートラル」なのである。

さらに、木を燃やして得られたエネルギーの分だけ、電力使用量が減る。

成木を若木に植え替えれば、よりCO_2を吸い、O_2を出す。

トータルでは「カーボンマイナス」になるというわけだ。

加えて、アメリカ環境保護庁（EPA）準拠の薪ストーブ・ペレットストーブであれば、電力のエアコン暖房よりも熱効率がいい。

エアコン暖房の熱効率は約74％（火力発電の熱効率37％×ヒートポンプ倍数2）なのに対して、EPA準拠の薪ストーブ・ペレットストーブの熱効率は、80〜90％。

木を燃やした方が、エネルギーとしての無駄が少なくてすむのだ。

こう言うと「植えた若木がすぐにたくさんの光合成をするわけではないのではないか」という反論も来そうだ。

それはそのとおりなのだが、少し長いスパンで見てもらえば、明らかに「カーボンマイナス」になる。

日本は土壌もよく、気候も比較的温暖で、日照時間も十分なので、若木の成長も早い。

また、よくある別の反論としては「薪ストーブとかペレットストーブなんて、普通の家には設置できない。特に日本の賃貸住宅では無理」というものだ。

たしかに、マンションのような集合住宅に薪ストーブをあとから設置することは困難だ。

薪ストーブにはどうしても煙突が必要になるからだ。

しかし、これから建てる住宅であれば可能だ。

戸建てならもちろん可能だし、マンションでも「集合煙突」を設置すればいい。

既存の住宅（マンション等の集合住宅を含む）であっても、「ペレットストーブ」であれば、設置は十分可能だ。

現在でも、電力のエアコンを設置する際には、壁にダクト穴を開けて室外機と接続する。

それと同じような穴を開けて、そこに「ペレットストーブ」の排気口を設置すればいいのだ。

これは現状でも、マンションの管理組合や賃貸マンション所有者（大家さん）が認めれば設置できる。

「高くて買えない」という反論もある。

たしかに現状では、エアコンを買うのと比べれば高い（しかも、暖房にしか使えず、夏場は使えない）。

ただ、現状でも自治体によっては「再生可能エネルギー導入促進事業補助金」「ペレットストーブ購入費補助金」「木質燃料燃焼機器設置費補助金」などの名称での補助金制度がある。

また、私のこの提案を国のCO_2削減政策として採用してもらえれば、当然、国が一定の補助金を出すことになるだろう。

さらに、国が主導して「薪ストーブ」「ペレットストーブ」の使用を勧め、CO_2削減目的の補助金を出すとなれば、大手家電メーカーも動き出すに違いない。

大量の需要が見込めるとわかれば、大手メーカーも設備投資をして、供給力を拡大することだろう。

そうなれば、価格も大幅に下がってくるはずだ。

最初は国の補助金でやり始めて、大量生産によって価格が下がれば、補助金を減らしてもいいだろう。

いずれにしても、市場任せではなく、国が主導して動かさなければ普及は難しい。

「薪ストーブ」への反論もいろいろある。

最もよく言われるのが「薪ストーブは薪の消費量がものすごいので、ストックしておく広い場所が必要になる。日本の住宅事情では難しいし、新たに『薪倉庫』を建てる余裕（お金や土地）のある人なんて少ないだろう」というものだ。

この反論をする人には、年配の方が多い。

昭和の別荘ブームのときに別荘を購入し、薪ストーブを導入したような方々だ。

たしかに、薪ストーブの薪の消費量はものすごい。

大量の薪があっという間に消費される。

だから、大量にストックしておかないとすぐになくなってしまうというわけだ。

ただし、これは昭和の発想である。

私の友人は別荘に薪ストーブを設置しているが、大きな薪倉庫などはない。

いまどきは薪も「amazon」で買えるからである。

早ければ「amazon prime」で翌日、どんなに遅くても3日もあれば届く。

薪倉庫など、まったく必要ないのだ。

「苫米地は薪ストーブの素人だ。薪のストックのことをまったく考えていない」などと言われたことがあるが、失礼ながら、薪ストーブのことがわかっておられないのは、その方のほうだった。

もちろん、「ペレットストーブ」のペレットならなおさら、置き場に困るなどということはない。

国が本腰をあげて支援し、大幅に普及することになれば、薪やペレットがコンビニで買えるようになるかもしれない。

もはや「大きな倉庫が必要だ」などという話は、バブル期の携帯電話の大きさのように、笑い話にしかならなくなる。

「室内で火を燃やすのは、安全性に問題があるのではないか」という反論もある。

しかし、数十年前までは室内で石油ストーブを使うのは当たり前だったし、現在でも石油ファンヒーターを室内で使っている家も多いだろう。

室内で火を燃やすという意味では同じだし、少なくとも数十年前の石油ストーブよりははるかに安全である。

最近の若い人たちは電力のエアコンが当たり前の世界で育ってきたのかもしれない

が、私や私より少し若い世代までは、まだ小学校の教室などに「石炭（コークス）ストーブ」が設置されていた。

教室の天井にダクトが吊られていて、室外に伸びていた。もちろん、教室で石炭（コークス）がごうごうと勢いよく燃えていた。

それで何の問題もなかったし、火事や一酸化炭素中毒になったなどという話は、少なくとも私の知る限りでは聞いたことがない。

そんな時代の暖房器具に比べれば、現在の暖房器具ははるかに安全性が高い。すでにコンピューター制御になっているし、一部はＡＩが運転を管理している。「薪ストーブ」や「ペレットストーブ」は、取り扱いさえ間違えなければ、とても安全な暖房器具なのだ。

「循環林業」で木材は賄える

「若木を植える場所を確保するために成長しきった巨木を伐採していくと、森林はどんどん、いわゆる『はげ山』になっていくのではないか」と心配する声もあるかもしれない。

しかし、そこに次々と若木を植えていくので、その心配はいらない。

心配があるとすると、若木が育つのには何年もかかるので、それらが育ちきる前に木材需要に対して、木材の供給が追い付かなくなるのではないか（必要となる木が足りなくなるのではないか）という点だ。

だが、これも心配ない。

私が実際に計算をしてみたところ、現在ある人工林の木だけでも、全国民の暖房を、今後44年間、しっかりと賄えるという結果が出た。

具体的な計算を載せておくと、以下のようになる。

・日本の人工林の森林蓄積（幹の体積総量）＝21億㎥

・1㎥＝８００kgで換算

・最新蓄積型ストーブで、全国平均１世帯当たり１日７kgの薪を消費する

・日本の世帯数＝５４３０万世帯

として計算すると

21億m^3×８００kg÷７kg÷５４３０万世帯

＝４４１９（日本の全世帯で４４１９日分の暖房燃料があるということ）

さらに、薪ストーブの稼働日数を、全国平均年間１００日として計算すると……

４４１９÷１００＝44・19

こうして、全国民の暖房を44年間は賄えるという計算になるわけだ。

スギは約40年で成木になるという。

つまり、現在ある人工林をすべて切り尽くす頃には、新しく植えた若木が成木になっているということだ。

もちろん、既存の人工林を伐採しながら、次々と少しずつ若木を植林していくので、森林の木がなくなるなどということはない。

木の供給が追い付かなくなるなどということもない。

循環しながら、森林としてカーボンニュートラルを実現しつつ、森林は保たれていくことになる。

つまり、少なくとも日本の広大な面積に及ぶ人工林について「永遠のカーボンニュートラル」が実現することになるのである。

なお、スギは約40年で成木になると述べたが、こうしたスギのような針葉樹は比較的成長が遅い。

条件が許せば、針葉樹を伐採したあとに、比較的成長の早い広葉樹（例えば、ナラ、クヌギ、カシ、サクラなど）の若木を植林するという方法もあり得る。

ナラであれば、10年から20年程度で成木になるとされる。

そもそも、日本の森林の多くは広葉樹林だった。

スギなどの針葉樹林が多くなったのは、戦後に針葉樹を人工的に大量に植林したからだ。

それらを伐採したあとに、広葉樹の若木を植えていけば、日本古来の森林風景が復活することにもなる。

もともと、ストーブには早く燃え尽きてしまう針葉樹よりも、長く燃え続ける広葉樹の方が向いているということもある。

同時に、スギ花粉症やヒノキ花粉症の対策にもなるだろう。

現在、日本のスギやヒノキは、戦後に植林したものが成木になり、花粉を大量に出している。

この部分は、意外に大きなメリットになるかもしれない。

もちろん、10年程度のサイクルで成木になる広葉樹は、成木になったところで燃料として伐採する。

そして、また新しい若木を植える。

既存の人工林を燃料に使うとしても約40年はもつ計算だったが、新たに植える若木を広葉樹にすれば、その40年というバッファーがさらに長いものになり、供給力に余裕が生まれることになる。

森林が日本のエネルギー安全保障に貢献する

いま、若木の植林を広葉樹にすれば、供給力に余裕が生まれると述べた。この供給力とは、一義的には「木材」であるが、それは「燃料」つまり「エネルギー」の供給力を意味する。

電力のほとんどを火力発電に頼っている日本は、その燃料としての液化天然ガス（LNG）を海外からの輸入に頼っている。

輸入相手国ベスト3は、オーストラリア、マレーシア、カタールである。

日本は昔から、エネルギー資源の乏しい国と言われる。

原油もほぼすべて輸入に頼っている。

太平洋戦争が起こったのも、原油の輸入を止められたという要因が大きい。エネルギー資源を巡って、戦争が起こったのだ。

グローバリズムが蔓延する昨今の風潮として、「外国との貿易障壁をなくして、必要なものはどんどん外国から買うようにすればいい」「日本のものも、どんどん外国に売っていけばいい」という考え方が主流だ。

しかし、この考え方は新型コロナウイルス感染症（COVID-19）が、見事に吹き飛ばしてしまった。

コロナ禍のような世界的なクライシスが起こった場合（もしかすると、ある特定地域で限定的に起こったとしても）、「必要なものをどんどん外国から買う」などということは容易にはできなくなることを、私たちはいやというほど痛感した。

「新型コロナワクチン」はさらにわかりやすい。

国産ワクチンの開発が遅れ、少なくとも2021年前半の現段階においては、すべて海外からの輸入に頼らざるを得なくなっている。

すると、どうなったか。

EUは輸出制限をかけ、日本がワクチンを入手するためには、EUの許可が必要になった。

他国で生産されているワクチンについても、それぞれ自国での供給を優先し、海外への輸出は数量を極端に限定されてしまっている。

数量限定で一度は手に入っても、次にいつ、どのくらいの数のワクチンが手に入るのかは、直前にならないとわからない。

ワクチンは武器と同じ戦略物資である。

それがわからない菅政権が初動で遅れて、ワクチンが日本に物理的に入ってこない事態にもなった。

２０２０年7月にそれに気が付き、ＮＳＳ（国家安全保障局）が担当になったが、時すでに遅く、この原稿執筆時（２０２1年5月）現在、圧倒的な供給不足となっている。

実際、「この時期に、このくらいの数のワクチンが手に入るだろう」と予測した国からの情報をもとに、地方自治体などはワクチン接種のスケジュールを立て、会場や人員を確保したが、入手の時期や数量がころころ変わり、各自治体はリスケジュールをせざるを得なくなった。

国民にとって、本当に重要なものは国内で生産できるようにしておかないと、いざというときにたいへんなことになるのだ（ワクチンそのものの安全性等の話は別である。国民にとってとても重要なものを、外国からの輸入に全面的に頼ることのリスクについて述べている）。

繰り返すが、日本はエネルギー資源の乏しい国であり、エネルギー資源を求めて戦争までしてしまった国である。

エネルギー資源を国内で確保できるかどうかは、国民にとって、非常に重要な問題なのだ。

こうした考え方を「エネルギー安全保障」と呼ぶ（いざというとき、簡単には海外から買えなくなるものを考えたとき、他にも「食糧安全保障」などがあるだろう）。

先ほどの話に戻ろう。

循環植林で森林の木材供給力に余裕が生まれるということは、木材のエネルギー供給力に余裕が生まれることを意味し、それは備蓄エネルギーとしての「エネルギー安全保障」の問題を大きく改善することにもつながるのである。

バイオマスのウソ

私の提案に対して「すでに廃材を利用したバイオマス燃料があるではないか。それを利用すれば十分、エコと言えるのではないか」という反論もある。「すでに木質バイオマス燃料があるのだから、大規模に『林業復活』などと言わなくても、木質バイオマス燃料を使うストーブの使用を増やすだけで、十分ではないか」ということだろう。

バイオマス燃料（木質バイオマス燃料）を否定するつもりはさらさらないが、正しい現状認識は必要なので、述べておきたい。

木質バイオマス燃料がエコだと言えるのは、すべて国産の木材を使っていて、さらに供給が十分である場合に限ると言える。

海外からの輸入に頼っている場合、その運搬に利用されるタンカー等のＣＯ２排出があるので、とてもカーボンニュートラルには程遠い。

また、全体としての供給量が十分でなければ、エコロジー効果が薄いことは言うまでもあるまい。

ほんの微々たる量では、国全体としてのカーボンニュートラルなど語れるはずもない。

さて、日本の木質バイオマス燃料はどのように調達されているのだろうか。

実は、そのほとんどが輸入品である。

理由は日本での生産量が極端に少ないからである。

この事実から、「すべて国産の木材を使っていて、さらに供給が十分である場合に限る」という条件を両方とも満たしていないことがわかる。

タンカーが大量のCO_2を長期間吐き出し続けることによって、木質バイオマス燃料（の原材料）は日本に運ばれてくる。

これをカーボンニュートラルというのは欺瞞である。

ただ、逆に言えば、国産の供給が十分になれば、輸入に頼らなくて済むとも言える。

国産の供給を増やすことができれば、少なくとも輸入運搬時に発生する大量のCO_2を削減することができる。

では、なぜ国産では十分な供給量が賄えないのか。

これはここまでの話でご理解いただけていることだろう。

需要が少なく、生産しても採算が合わないからだ。

結局は同じ結論に行きつく。

薪ストーブ・ペレットストーブの国内での使用を増やせばいいのだ。

「輸入しているということは需要があるということではないのか。需要があるなら、生産すれば売れるのではないか」と思う人もいるかもしれない。

これも、建材と同じ理屈だ。

産業として成り立つほどの利益は出ないのだ。

日本の林業は補助金で成り立っているので、林業に携わる生産者の人たちも、補助金分以上の仕事はしない。

あえてコストのかかる仕事をするはずがない。

このように木質バイオマス燃料も、現在のところ、エコとは言えない。

薪ストーブ・ペレットストーブが国内に大幅に普及し、循環林業が産業として成り立つようになることこそが、カーボンニュートラルへの最短ルートなのだ。

ソーラーパネルではなぜダメなのか

わざわざ、薪ストーブ・ペレットストーブを大々的に導入しなくても、現在、各地で進んでいるソーラーパネルによる発電を増やしていけば、カーボンニュートラルが達成できるのではないかと考える人もいるかもしれない。

しかし、残念ながら、現状ではソーラーパネルによる太陽光発電ではカーボンニュートラルを実現することはできない。

実はソーラーパネルには、非常に多くの問題がある。

例えば、パネルの製造過程において、非常に大きな環境負荷がかかることだ。当然、CO_2排出量もかなりの量になる。

製造過程でのCO_2排出量は、ソーラーパネルを1〜3年程度、使用すればペイできるとする論文もあるが、逆にその程度ではとても無理とする研究もある。

製造過程だけではなく、廃棄の問題もある。

ソーラーパネルは産業廃棄物として処理する必要がある。

現在使われているソーラーパネルは、いずれ寿命が来て、廃棄せざるを得なくなる。

２０３０年代後半には、年間50～80万トンもの使用済みソーラーパネルが出るという試算もある。

これは産業廃棄物全体の約６％にも及ぶという。

今後、使用済みソーラーパネルの不法投棄なども増えるかもしれない。

また、ご存じのとおり、ソーラーパネルの設置には広い面積が必要になる。

実はエコではないソーラーパネル

ビルの屋上や屋根の上のように、現在、特に何も使用されていない場所に設置するのであればまだしも、多くの場合、ソーラーパネル設置専用の土地を確保して並べられている。

今にも地滑りを起こしそうな山の尾根などの土地に、ソーラーパネルがびっしりと敷き詰められている光景を目にしたことがある方も多いはずだ。

あの土地に若木を植えれば、光合成によってCO_2を吸収してくれるし、水害なども防げる。

それをしないばかりか、ソーラーパネル設置のために森林を伐採したり、緑地をソーラーパネル設置用に造成したりといったことになれば、まさに本末転倒である（これらは実際、すでに行われていることである）。

また、そもそも論であるが、ソーラーパネルによる発電は、発電効率が低い上に、電力としても不安定である。

まず、太陽が出ている時しか発電できない。

夜はもちろん、曇りや雨の日にはほとんど発電できない。

地域によっては、ソーラーパネルの上に雪が積もることもあり、そうなれば雪かきをしない限り、晴れていても発電ができない。

また、落ち葉や鳥の糞害などによって発電量が大幅に小さくなるといったこともあるようだ。

電力として不安定という部分でいうと、ソーラー発電は貯めておけないという単純な問題がある。

貯めておくには大量のリチウムイオン電池が必要になり、「エコロジー」の視点から見て、完全に本末転倒になる。

日本では、２０１１年の東日本大震災後の福島原発事故を経て、原発を止め、火力発電に頼るとともに、ソーラーパネルによる太陽光発電を推進してきた。

ソーラーパネルによる太陽光発電がエコであると勘違いしてしまったことによる。

大震災、大津波、原発事故といった災害によって、国民全体がパニック状態になり、国全体としてのＩＱが大幅に下がってしまったのだろう。

そのため、再生可能エネルギー固定価格買取制度（ＦＩＴ）が導入され、電力会社は再生可能エネルギーを強制的に買い取らされることになり、その利益を求めて、大資本によるソーラーパネルの大規模な設置が進んだ。

このＦＩＴの買取の料金は、電力会社が負担しているわけではない。

電力の使用者、つまり私たちが負担している。

皆さんの家のポスト等に投函される電力使用量の「検針票」や「請求書」を見ていただきたい。

「再エネ発電賦課金」などといった項目で、料金が加算されているはずだ（先日、さらに値上げされるという報道もあった）。

電力使用者の負担で儲け放題だったＦＩＴ。

それでも「カーボンニュートラル」「CO_2削減」に寄与しているのならまだしも、かえってCO_2を増やしているのだから、目も当てられない。

「カーボンニュートラル」「CO_2削減」には、やはり「循環林業」がベストなのだ。

薪ストーブ・ペレットストーブは過去への回帰ではない

「薪ストーブ・ペレットストーブを普及させよう」と言うと、「いまさら遠い過去になんて戻れない」などと反論する人がいる。

しかし、それは「遠い過去の薪ストーブ」だけをイメージしているからだ。

現代の薪ストーブ・ペレットストーブは、昔のものとはまったく異なり、ドイツなどのEU諸国ではかなり普及しているし、技術革新ものすごい速度で進んでいる。

先ほども触れたように、温度調節はもちろん、空気を送り込む量などもすべてコンピューター制御で行われている。

省エネ技術や排煙の浄化技術も、以前とは格段に違う。

薪ストーブやペレットストーブの普及率が比較的高いヨーロッパやアメリカでは排煙規制も厳しいので、その基準が改定されるたびに技術革新が急速に進んできた。

ちょうど、自動車の排ガス規制が厳しくなるごとに、各自動車メーカーがしのぎを削って、排ガス浄化技術を高めてきたのに似ている。

実際、自動車の触媒マフラーを使って、4次燃焼までできるようになっているストーブもある。

薪ストーブ・ペレットストーブの技術面では、現在のところ、ドイツが非常に進んでいる。

薪ストーブ・ペレットストーブの普及率が比較的高いことに加え、国全体として環境保全への意識が高いことが影響しているのだろう。

ドイツは真っ先にソーラーパネルによる太陽光発電の普及に取り組んだが、ここに来て、ソーラーパネルによる太陽光発電の限界が見えてきた。

そのため、薪ストーブ・ペレットストーブへの期待も大きい。

なので、薪ストーブ・ペレットストーブの環境負荷基準を強めて、再生可能エネルギーとして普及させていきたいのだろう。

日本も欧米並みか、それ以上の規制基準を設ければ、排煙もクリーンになるし、技術革新も進み、他の産業への技術の応用もできるかもしれない。

薪ストーブ・ペレットストーブは、過去への回帰どころか、むしろ今後さらなる技術発展が見込める、先端分野だと言える。

自動車産業の発展が、さまざまな技術革新を牽引してきたように、今後は薪ストーブ・ペレットストーブが新たな技術革新を生み出していくことになるはずだ。

林業の概念が変わる

多くの人は、小学校などで「林業は第一次産業」と習うはずだ。

「自然界に働きかけて、自然界から直接、富を取得する産業」という意味だが、特に日本では「農業・林業・水産（漁）業」という形で一つに括られるので、「生きていくのに欠かせない、食糧などを最初に取得する産業」のように捉えられているようだ。「農林水産省」という省庁があることでもわかる。

林業は「食糧」を取得する産業ではない。

なのに、なぜ農業や水産業と一括りにされるのだろうか。

おそらくは、「自然に働きかける」ことと同時に、「生きていくのに欠かせない」「住」

の部分を担う産業だから（だったから）だろう。

「林業復活と言ったって、第一次産業の林業に若い人が戻ってくるとは思えない」と考える人もいるかもしれない。

しかし、農業、水産業には、いま、若い人が多く戻ってきている。

林業だけそうならない理由などない。

「林業復活なんて無理」と思っている人は、林業を昔のイメージのままで捉えているのだろう。

しかし、私はむしろ、林業は農業や水産業以上に、若い人から人気が得られる産業になると思っている。

現在、日本標準産業分類には「林業」という分類の中に「特用林産物生産業」という項目（小分類）があり、その中のさらに細かい分類（細分類）に「製薪炭業」という項目がある（ちなみに、大分類では「農業、林業」となっており、「漁業」は別の分類になっている）。

つまり、現状では薪やペレット製造は「林業」の中の小さな細分類の一つにすぎない（「木材チップ製造業」はまったく別の項目）。

しかし、私の提案する循環林業が本格化したらどうなるだろうか。

そのときには、「林業」＝「エネルギー産業」ということになっているはずだ。「日本標準産業分類」において、現在のところ、「エネルギー生産」は「電気・ガス・熱供給・水道業」という大分類になり、これは第三次産業に位置付けられている。

つまり、薪ストーブ・ペレットストーブが日本中に広く普及し、循環林業が定着したあかつきには、林業は「第三次産業」と呼ばれるようになっているだろう。

形式的な分類はともかく、少なくとも実体としては「エネルギー生産」＝「第三次産業」ということになっているはずだ。

私の提案は、このように林業に一大パラダイムシフトを起こすものと言える。

地球の未来を担うエネルギー産業に携わる仕事には、多くの若者が魅力とやりがいを感じるのではないだろうか。

若い人が集まる産業が発展しないわけがない。

重要なのは国の本気度

ここまで述べてきた私の提案が実現するかどうかのカギは、国の本気度だと言える。ごく一部の人が賛同したとしても、国家規模で動かない限り、実現はほぼ不可能だ。林業という一大産業を大きな形で復活させようという壮大な話なのだから、一部の動きだけではとても無理だ。

政府には、この日本が向かう先は「エコ大国」であるという強い決意のもと、政商に踊らされる、偽物のエコロジーではなく、「Well to Wheel」での本物のエコロジーを推進していくという覚悟を示してほしい。

「Well to Wheel」での本気のエコロジーを推進しようという覚悟があれば、私のここまでの提案も本気で検討する価値のあるものだと理解してもらえるはずだ。

さて、さらに私の提案を効果的かつ速やかに実現させるためには、国の積極的な動きが必要だ。

特に、林業に関する政策は大きく転換していかなければならなくなる。

その話は、次章で詳しく見ていくことにする。

もう一つ、政府にやってもらいたいことは、一般国民への支援だ。

具体的には、先ほども述べたように、薪ストーブ・ペレットストーブ導入への財政的支援である。

私の想定は、薪ストーブ・ペレットストーブ導入に際し、自己負担は1割、国が9割援助するというものだ。

当初は「そんなことに税金を使うなんて」という声も上がるかもしれない。

しかし、「Go Toなんとか」なる政策に、兆円単位の予算がつくのだから、日本をエコロジー大国にし、大きな産業の復活にもつながり、新たな経済成長とエコロジーを両立させることができる壮大なプランに対する国の援助（補助）をためらう理由はなかろう。

あるいは、企業などであれば、薪ストーブ・ペレットストーブの導入に際し、さまざまな減税措置があってもいい（個人の世帯にももちろん、あっていい）。

自動車税などにはすでに導入されているのだから、「薪ストーブエコロジー減税」があっても特に問題はあるまい。

自動車のように、薪ストーブ・ペレットストーブも、一定の基準を設けて（ＥＰＡの基準でもいいし、日本独自のエコ基準を設定してもいい）、その基準をクリアしたストーブの使用者には減税のようなインセンティブを与えるのだ。

繰り返すが、私の提言を実現し、日本を「エコロジー大国」にするには、国を挙げて取り組まなければ難しい。

そして、国は「やろう」という意志さえあれば、「Ｇｏ Ｔｏ」事業のように、あるいはコロナ禍での「特別定額給付金」のように、あっという間に兆円単位の予算を組むことができる。

もっと言ってしまうと、何度も述べてきたように、日本の林業は補助金で成り立っている、事実上の「森林管理」である。

ここがしっかりと産業化できれば、現在、林業に費やしている補助金も今ほどは必要なくなることだろう。

その予算を、エコ予算に回すこともできる。

次章では、そんな林業の現状と問題点、今後への展望などについて、先に紹介した『絶望の林業』を参照しつつ、探っていきたい。

第5章

「エコ大国日本」を実現するために

需要が増えれば林業は復活する

この章では、林業の現状、林業復活のための展望、さらには日本がエコロジー大国になるための政策などについて、見ていきたいと思う。

さて、すでに何度も述べているように、日本の林業は国や自治体の補助金で成り立っている。

正確に言うと、補助金なしでは成り立たない。

その理由はもちろん、商品としての木材を売っても、生計を維持できるほどの利益が出ない（それどころか、赤字になる）からだ。

しかし、日本の森林面積は広大だ。国土の約7割が森林で、そのうちの約4割が人工林である。

人工林は、木そのものを人の手で植えていることに加え、間伐や枝打ち、下草刈りなど、人による手入れが必要だ。

そうした森林管理を定期的に行うのが、現在の日本の林業の中心になっている。

木材の生産、製材、流通、販売といったことももちろん行うが、それだけでは採算が取れないため、補助金による森林管理の仕事がメインにならざるを得ないのである。

木材生産等で採算が取れない理由は、「国産の木材は価格が高く、需要が少ないから」というのが一般的に信じられている定説だが、これもすでに述べたとおり、実際には、少なくとも丸太の価格については、外国産とそれほど変わらない価格である。

国産の木材の価格が高くなるのは、製材、流通の部分でコストが乗ってきてしまうからだが、その理由は「大量生産ではなく、一本一本、手をかけて製材し、輸送も少量ずつになってしまうから」である。

だとすれば、その解決策は明らかだ。

木材の大量生産が可能になるように、需要を掘り起こし、一本ずつのコストを下げればいい。

私の提案する、薪ストーブ、ペレットストーブの国家的導入策は、当然のことながら、木材（薪・ペレット）の大量生産につながる。

薪・ペレットの生産が増え、木材生産のコストが全体的に下がってくれれば、建築用の木材の価格も、それに引っ張られて下がってくると考えられる。

もともと、国産の建築用木材は質が良く、コスト面さえ折り合えば、需要はある。一定以上の富裕層の中には、高くてもいい木材で家を建てたいと考え、国産木材にこだわる層もいるのだ。

海外からの仕入れルートが確立しているため、多くの工務店などでは国産木材を避けようとする傾向があるようだが（新たな仕入れルートの開拓や一案件のためだけに特別に国産木材を仕入れる手間を避けたいということらしい）、質が良く、価格も安いのであれば、新たに仕入れルートを開拓する意味も出てくるし、一度、ルートを築いてしまえば、そこから先は手間ではない。

薪やペレットと建築用木材とでは、加工もまったく違うし、そもそも燃やすための木材と建築用に活かすための木材に分けなければならないので、余計に手間がかかるのではないかと思うかもしれない。

しかし、その手間はそれほどでもなかろう。

建築用として使えそうな木を選んでおいて、建築用には使いづらい木は薪やペレット用に切ればいい。

あるいは、切ったあとで判断するのでもいいかもしれない。

いずれにしても、全体のコストが下がってくれば需要が生まれる。

需要が生まれれば、企業はその需要を求めて設備投資や開発投資を始める。

国がバックアップするとなれば、投資をしない理由を探す方が難しい。

薪やペレットにする木材を建築用資材として使ってしまったら、薪やペレットにする木材が不足するのではないかと思う人もいるかもしれない。

しかし、それは心配無用だ。

前章で計算したように、現時点で44年分の燃料用木材があり、仮にその半分を建築用資材として活用したとしても、22年分の燃料用木材がある。

新たに植える若木を、燃料用木材に関しては10年ほどで成木となる広葉樹にすれば（建築用木材として針葉樹を好む需要も考慮して）、循環林業で十分に回していける。

循環林業なら、木材資源が枯渇するという事態は起こらない。

設備投資先としての林業

薪ストーブ、ペレットストーブで木材の需要が高まると、供給側（林業）はそれに対応する設備投資をすることになる。

当然、技術革新も起こり、現在、研究が進んでいるさまざまな技術も林業の分野で利用されることになるだろう。

すぐに思いつくものとしては、ロボット技術、自動運転技術、AI技術などがある。木の伐採や運搬などにはロボット技術が大いに活かせる。人の手による作業は最小限にとどめ、作業の多くはロボットに任せられるようになる。

森林から製材所までは、専用の林道などを整備することで、自動運転で運ぶことができるようになる。

ちなみに、自動運転は製材所までで十分で、あとは既存の運送インフラで対応できる（すでに、いまでも製材所から直接、木材を購入することもできる）。

また、伐採すべき木を選んだり、木の質を見極めて用途を決めたり、あるいはどこにどのくらい納品するかを判断して、自動で仕分けをしてくれるといったこともできるようになるだろう。

前章でも述べたように、一昔前なら、まるで夢の未来技術と感じられたかもしれないが、今ならすぐにでも手が届く技術である。

さらなる技術投資で技術革新が進めば、いまは想像もできないような技術、仕組みで木材生産ができるようになるかもしれない。

技術投資で、いまは思いもつかないような大きな産業が生まれる可能性もあるのだ。

金融投資先としての林業

前章で私は日本のエコロジー大国化と林業復活には、「国の本気度」が重要だと述べた。

国の旗振りなしに、現状を大きく変えることは難しいと思う。

しかし、それは初動の話である。

慣性の法則は、物理的なものだけでなく、社会における政策や事業、産業などにも当てはまる。

つまり、何をするにしても、止まっているものを動かすことが、最もエネルギーを要するのである。

逆に言うと、動き出しさえすれば、あとは初動ほどのエネルギーをかけなくても、動き続けてくれる。

ただし、初動の惰性だけでは必ず失速してしまう。

発展を続けるためには、惰性プラス・アルファのエネルギーが必要になる。

民間投資が活発化していかないことには、サステナブルな産業にはなっていかない。

現状を見る限り、投資家にとって日本の林業は有望な投資先とはなっていない。というか、積極的に敬遠される投資先と言っても過言ではあるまい。

ところが、アメリカではかなり違っている。

林業が投資の対象となっているのだ。

ＴＩＭＯ（Timber Investment Management Organization：森林投資管理組織）やＴ−ＲＥＩＴ（Timberland Real Estate Investment Trust：林地投資信託）といった各種組織、商品が、巨大ファンドの投資対象として注目され、実際、巨額の資金が投資されている。

多くのファンドでは短期利益が優先される。

しかし、林業は長期的な事業だ。にもかかわらず、ファンドが林業に対してしっかりとした投資をしている。

ファンドのポートフォリオとして組み込むのに適しているとみなされているのだ。

『絶望の林業』で著者の田中淳夫氏が「森林を丸刈りして短期で利益を得たら跡地を棄て、次の森に移るような利那的なビジネスではないか……と危ぶんだが、そうではなかった」と書いているように、アメリカの投資ファンドというと、食い散らかしては次々と狩場を変えていく「ハゲタカビジネス」のイメージが強いのだが、林業への投資はそういう視点ではない。

アメリカの林業は、ファンドも認める「儲かる産業」なのだ。

REITが成り立っているということは、林地を借りて林業をしている人も少なくないということだろう。

林地のレンタル料を支払って、林業をやっているわけだ。

また、「儲かる産業」であることと同時に重要なのが、ファンドが「ポートフォリオ」として組み入れているという点である。

アメリカでは、林業や林地の価格は、株式や一般の（商業地の）不動産等の価格と、負の相関がある（一方が上がると一方が下がる関係にある）と認識されている。

これがポートフォリオとして最適なのだ。

しかも、林地の価格が急激に下落することも考えにくい。

つまり、長期的安定を求める投資家にも好まれる。

昔から「日本はアメリカの背中を追いかけているので、数年後の日本は、現在のアメリカを見ればわかる」などと言われているので、日本でも、もう少し林業が見直され、安定的に儲かる産業と位置付けられれば、投資家のポートフォリオの構成要素などとして、もっと投資を呼び込むことができるはずだ。

民間企業はすでにエコに動き出している

裏にある「本音」は、テスラのようなグローバル企業を儲けさせるためだとしても、政府が「グリーン成長戦略（2050年カーボンニュートラルに伴うグリーン成長戦略）」なるものを発表し、さまざまな産業ごとに具体的な「目標」を掲げたインパクトは大きい。

いくつかの民間企業、特に大企業は、この政府が掲げた目標に突き動かされたように、エコロジーに動き出している。

例えば、2021年1月18日の日本経済新聞によると、私が昔、勤務していた三菱地所が、東京・丸の内のオフィスビルの電力に再生可能エネルギーを使うようにするという。

２０２２年度には、「新丸ビル」など丸の内に持つ約30棟のビルの電力を、再生可能エネルギーに切り替えるとしている。

こうした動きは他の企業でも見られ、東急不動産は、２０２１年4月に「渋谷ソラスタ」など17物件の電力を、再生可能エネルギーに変更し、２０２５年までにスキー場やホテルも含め、事業活動で消費する電力を１００％再生可能エネルギーに変更するという目標を掲げている。

また、三井不動産は、東京電力エナジーパートナーと提携し、２０２１年4月に「東京ミッドタウン日比谷」で、ＦＩＴの買取期間を終えた再生可能エネルギー電力を提供するサービスを開始する。その後、首都圏のオフィスビルを中心に、順次サービス範囲を拡大していくという。

各企業とも、こうしたサービスがテナントの誘致に有利だと判断しているのだ。

こうした動きを、住宅にも「薪ストーブ・ペレットストーブ」という形で導入しようというのが私の提案だが、これは、オフィスビルでも使えるものだ（当面は暖房に限るが)。

循環林業によって得られた木材を使った「薪ストーブ・ペレットストーブ」は、バイオマス発電よりもCO_2削減効果が圧倒的に高い。

各企業にはぜひ一考を願いたい。

CO_2削減マシンという画期的発明

ここで少し話は変わるが、実は私の知人がCO_2削減に関して、画期的なマシンを開発した。

「CARS-α(カルス・アルファ)」、愛称を「ひやっしー」という、空気中のCO_2を直接回収する装置だ。

「はじめに」でも少しだけ触れたが、開発したのは、この原稿執筆時現在、弱冠二十歳の村木風海氏だ。

彼は自らが設立した一般社団法人炭素回収技術研究機構(CRRA)の代表理事・

機構長である。

CO_2回収マシン自体は、東芝など、すでにいくつかの大手企業が手掛けているのだが、大手企業が手掛けるCO_2回収マシンは大規模工場などでの導入を想定していて、大型化の方向で進んでいる。

これに対し、村木氏の開発したCO_2回収マシン（ひやっしー）が画期的なのは、個人など小規模のユーザー用に小型化されている点だ。

村木氏の想定するCO_2回収マシンは、加湿器や空気清浄機のように、一家に一台設置され、誰もがCO_2削減に取り組めるというものなのだ。

すでに製造されている20数台の「ひやっしー」は、村木氏の地元・山梨の小中学校などに無償貸与されている。

この「ひやっしー」がまさに加湿器や空気清浄機のように、一家に一台、設置されれば、

ひやっしー
写真提供：一般社団法人炭素回収技術研究機構

CO_2排出量の削減ではなく、森林と同様に、既存のCO_2を吸収することができるようになるだろう。

電力を使用するので、その発電時に排出されるCO_2も考慮しなければならないが、その発電時排出量以上に吸収できれば問題はない。

今後、大いに期待できるマシンである。

物理的価値と情報的価値の切り分け

村木氏の活動は、CO_2回収だけにとどまらない。

CO_2回収を社会全体の仕組みとして組み込むための仕掛け、多くの人がCO_2回収に取り組もうとするための動機付けについても、深く考えている。

それが「ひやっしーマイル」という仕組みである。

簡単に言うと、「ひやっしー」を使ってCO_2を回収した分、「ひやっしーマイル」というポイントが得られ、そのポイントを使うことで、CO_2削減に取り組んだ人に何らかの利益が還元されるという仕組みだ。

さらに、この発想が優れているのは、「生産するのにCO_2を多く排出してしまう製品の購入には、お金のほかに『ひやっしーマイル』の支払いを義務付ける」としている点だ。

まだまだ構想段階とはいえ、こうした「お金さえあれば何でもできる社会」を変えていこうとする試みはすばらしい。

読者の方がイメージしやすいように例を挙げると、例えばコンビニエンスストアでコーヒーを買うとする。

そのとき、コーヒー豆の生産や輸送、カップの生産や輸送、お湯を沸かすための熱などのために排出されたCO_2の量をコーヒー１杯分に換算し、その量に応じて、コーヒーの代金１００円だけでなく、「ひやっしーマイル」を10マイル支払わなければならない（１００円＋10マイル）といった仕組みにするのだ。

世の中には、いくらお金を払うと言っても、事前に手に入れた予約券のようなものがないと買えない場合も少なくない。

そのように、生産するためにCO2を多く輩出してしまうものは、「お金＋マイル」というセットにしないと買うことができないという仕組みにするわけだ。

あるいは、例えば、入ろうとしたお店が「一見さん、お断り」だった場合、いくらお金を払うと言っても、入れてはくれないだろう。

この場合は「お金＋常連さんの紹介」が必要になる。

このように、「お金＋別の情報的価値」が揃ってはじめて買うことができるものというのは、現在もすでにたくさんある。

この仕組みを「CO2排出」で行おうというのが、村木氏の「ひやっしーマイル」構想なのである。


さて、この村木氏の構想に加えて、私の会社（コグニティブリサーチラボ）では、この「マイル」に、仮想通貨（デジタル通貨）で使っているような暗号化技術を組み込むことを提案している。

暗号化技術というのは、例えばブロックチェーンのような技術のことだが、必ずしもブロックチェーンである必要はなく、私が開発したベチユニットでもいいし、もっと別の暗号化技術でもかまわない（次項でNFTについて述べる）。

村木氏の構想した「ひやっしーマイル」と私が構想していた情報的価値、さらには暗号化技術をうまく総合して、「グリーンコイン」といった形で普及するべく、開発中である。

「グリーンコイン」の使い方は村木氏の「ひやっしーマイル」とほぼ同じで、環境負荷の高い製品を買うとき、お金だけでなく、「グリーンコイン」を支払わないと買えないような仕組みになるといいのではないかと考えている。

ブロックチェーンのような技術が入っていれば、コインの出どころや使用履歴、使用者の情報などもすべて確認することができる。

不正も防げるし、さらなるCO_2削減に役立つデータも得ることができるかもしれない。

もちろん、循環林業に携わる人たちは、林業によって森林がCO_2を吸収してくれるので、かなり多くの「グリーンコイン」を手に入れることができるだろう。

さらに、ここで思わぬ副産物（あるいはこちらが主産物かもしれないが）が生じる。それは、「お金さえあれば何でも買える」という、現在の行き過ぎた資本主義にブレーキをかけたり、資本主義の問題点のいくつかを改善できたりする可能性があるということだ。

つまり、物理的価値と情報的価値を「グリーンコイン」を通して、切り分けることができるようになる。

なので「グリーンコイン」を金銭で売買することは禁止する。

テスラが大儲けした「CO_2排出権売買」のようなことは認めないということだ。

その際にも、（ブロックチェーンのような）履歴の残る暗号関連技術が役に立つ。

他人から不正に買ったり、もらったりした「グリーンコイン」は、使用時にレジなどではじかれ、使用できない。

使用する人が、CO_2削減活動によって正規に手に入れた「グリーンコイン」しか使えないのだ。

こうして、物理社会で得た「お金」と情報社会で得た「グリーンコイン」とが完全に切り離されつつ、現実の社会では同時に使うことができる（使わないと買えないものがある）という状況になる。

資本主義は、大きなパラダイムシフトを迎えることになるはずだ。

話題のNFT技術を使った「安心・安全」なグリーンコイン

もう少し、「グリーンコイン」の暗号化技術について見ていこう。

「グリーンコイン」は暗号通貨の技術を使うことで、安心かつ安全なものになるのだが、具体的な技術としては、「NFT（ERC721）」を利用することを考えている。

「NFT」について、念のため、簡単に解説しておこう。

「ツイッターで初めてツイートされたNFTが3億円超で落札された」というニュースを覚えている人も多いだろう。

つまり、「NFT」が競売に掛けられ、それを3億円超で落札した人がいたということだ。

「NFT」は「Non-Fungible Token」の略で、日本語にすれば「代替不可能なデジタル通貨（情報）」とでもなるだろうか。

「Non-Fungible（代替不可能）」という言い方はわかりにくいかもしれないが、要するに「他に変えられない」「唯一無二の」ということだ。

例えば、「1万円札」は、お金として使う限り、他の「1万円札」と取り換えても（あるいは「5千円札」2枚と取り換えても）、何の問題も生じないし、誰も文句を言わないだろう。

この場合の「1万円札」は「Fungible（代替可能）」なものだと言える。

しかし、例えば、あるお札に印刷されている番号（記番号）が「A000001A」だったら（本当にそういう番号のお札があるかどうかは知らないが、仮にあったとして）、どうだろうか。

そして、例えば日銀によって「これは、この種類の1万円札としては一番最初に発行されたものです」などとお墨付きまで与えられていたら、どうだろうか。

もはや、他の「1万円札」とは「Non-Fungible（代替不可能）」だろう。

このお札は、「唯一無二」の「1万円札」ということになる。

つまり、「NFT（Non-Fungible Token）」とは、「他のデジタル通貨（ここではグリーンコイン）とは代替できない、唯一無二の存在であることがきちんとわかる仕組みになっているもの」ということだ。

そこで使われる技術は、詳しく言えば切りがないが、大きなものとしては「タイムスタンプ」がある。

「タイムスタンプ」とは、文字通り、「時間が刻印されている」ということ。

ある時刻に、そのデジタルデータが確実に存在し、それ以降、何の改竄もされていないことを証明する技術だ。

ブロックチェーン技術のように、過去の履歴がすべてわかるので、不正に使われることがない。

すべてのグリーンコインについて、いつどこでどのように発行されて、その後、いつどこでどのように使われたのかが、一目瞭然でわかるのだ。

もし悪意のある誰かが、グリーンコインを不正に発行しようとしたり、改竄しようとしたりしても、その不正発行や不正改竄の記録もしっかり残る（単調性が保たれる）ので、安心である。

このあたりの話は、デジタル暗号技術の知識のある人には釈迦に説法かもしれないし、むしろ「説明が厳密ではない」と感じる人もいるかもしれない。

しかし、ここでデジタル暗号技術の厳密な話をしても、本筋から逸れてしまう。詳しく知りたい人は、拙著『仮想通貨とフィンテック』（サイゾー刊）などをご参照いただきたい。

一般的に「デジタルデータ」と言うと、「簡単に上書きができてしまうのではないか」と考える人も少なくない。

しかし、NFTを利用することで、「上書きしたとしても、その上書きの痕跡がはっきりと残る」ので、安心・安全なのだと理解していただければいいだろう。

CO_2排出者に渡される「負のグリーンコイン」

先ほど、CO_2を吸収（回収）した量に応じて「グリーンコイン」を発行し、これなしでは買うことができない仕組みをつくるという話をした。

これと並行して、CO_2を排出した量に応じて、グリーンコインとは別の「負（マイナス）のグリーンコイン」を発行するという構想もある。

例えば、企業などがものを生産する際に排出されるCO_2がある。

これを数値化し、出した分について「負のグリーンコイン」が渡される。

そして、システム上で「（正の＝プラスの）グリーンコイン」と相殺されることになる。

CO_2排出は、当然、「Well to Wheel」を基本に計算されることになる。

これをすべての製品についてやろうという、壮大な構想だ。

イメージとしては、ファミリーレストランなどのメニューに書かれている「カロリー表示」である。

ファミリーレストランなどのメニューには、すべての料理（飲み物なども含めて）に摂取カロリーが表示されており、特にカロリー摂取量に敏感なお客は、その数値を考慮に入れながらメニューを選ぶ。

それと同じように、世の中にあるものすべてのCO_2排出量を数値化し、表示されることができれば、消費者の購買行動にも大きな影響を与えるようになるだろう。

ただ、実は私たちは生きているというだけで、つまり呼吸するだけでCO_2を排出している。

この排出量を「負のグリーンコイン」化するべきかいなかは、議論になるだろう。体が大きいとか、肺活量が大きいといった、先天的、生得的理由で「負のグリーンコイン」を多く受け取らざるを得ないとしたら、ひとつ間違えると差別にもつながりかねない。

それは、絶対に避けなければならない。

さて、こうした「負のグリーンコイン」にしても、「（正の）グリーンコイン」にしても、CO_2の排出量、吸収量を正確に数値化することが重要になってくる。

「グリーンコイン」については、「ひやっしー」であれば、吸収量の数値化は容易だ。再生可能エネルギーによる発電なども、その発電量から比較的容易に数値化できるだろう。

森林もある程度、実測することによって、基準となる数値を算出することは難しくない。

問題は「負のグリーンコイン」の方だ。

ある生産物が、その製造過程や流通過程において、どのくらいのCO_2を排出していたかを正確に数値化するのは簡単ではない。

たくさんの部品が使われている生産物の場合、各部品の生産時に排出されるCO_2をそれぞれ数値化していかなければならない。

場合によっては、その部品をつくるための部品や原材料の生産・採掘・輸送などでのCO_2排出量を、製造工程の川上にまでさかのぼって調べていかなければならないこともあるだろう。

大量生産している製品の中の一つの製品について、そのCO_2排出量を正確に割り出すことは、現段階では簡単ではないと言えよう。

しかし、それはあくまでも「現段階で」という話である。

また、日本が本当の意味で「エコロジー大国」になるためには、どうしても必要なことだ。

これはたとえ困難であっても、不可能な話ではない。

私の会社（コグニティブ・リサーチラボ）でも、この問題への取り組みはすでに進みつつあり、将来的には、製品の写真を撮ると、その製品の製造・運搬過程で排出されたCO_2の量がすぐに数値化できる「CO_2カメラ」をつくる構想がある。

越えるべきハードルはまだまだ多いが、けっしてできないものではない。

こうして、正確なCO_2排出量が数値化されたうえで、「負のグリーンコイン」を社会実装していくことになる。

グリーンコインの社会実装が資本主義を変える

このように「グリーンコイン」構想によって、本当の意味でのCO_2削減が進んでいくことになる。

CO_2削減は地球規模の問題なので、世界中で行われないとあまり意味がないのだが、いきなり世界各国に対して「グリーンコインを導入せよ」と言っても、なかなか進まないだろう。

なので、まずは日本国内で行い（政府が、一声、発すれば実行できるので）、しっかりとした成果を出し、「エコロジー大国・日本」を実現することで、世界各国が日本に追随するようになるだろう。

「エコロジー大国・日本」の実現こそが、地球温暖化防止のカギとなり、また資本主義というパラダイムを大きく変換することにもなるのである。

では、日本でどのように社会実装していくのか。

これには、大きく3つの段階があると考えている。

1つ目は、最も導入しやすい個人レベルのカーボンニュートラルの実現である。

個人一人一人がCO_2削減に取り組めるのだという意識改革を広め、行動変容を促したい。

例えば、スマートフォンのアプリなどで、自分はどれだけグリーンコインを集めることができているか（どれだけCO_2を吸収しているか）、逆にどれだけ「負のグリーンコイン」を集めてしまっているか（どれだけCO_2を出しているか、どれだけCO_2を多く排出して作られた製品を消費しているか）を常に確認できれば、嫌でもカーボンニュートラルを意識することになる。

2つ目は個別の建物、あるいは地域単位でのカーボンニュートラルだ。

具体的には、まずビル一棟全体でのカーボンニュートラルを実現させる。

ビルの各部屋を賃貸で借りている人や企業が、みな回収マシン（ひやっしー等）を導入し、回収する。

そのCO$_2$回収量に応じて、「グリーンコイン」を発行し、逆に排出している場合は「負のグリーンコイン」を発行する。

この回収と排出(正のグリーンコインと負のグリーンコイン)によるカーボンニュートラルの実践を各ビルが行っていくのだが、ビルによってはどうしても「負のグリーンコイン」が多くなるというケースもあり得るだろう。

努力不足なのかもしれないが、事業の性質上、特に最初のうちは一定程度のCO$_2$排出をどうしても伴ってしまうという場合もある。

そのときは、隣のビルやその隣のビル、さらには数件先のビルとの合算で考える、あるいはその地域、例えば丸の内なら丸の内エリア全体でのカーボンニュートラルを考えて、それが達成されているのであれば、特に立ち上げ当初は「それでよし」とするという仕組みもあり得る。

ただしこれには、どうしても企業の意識改革という側面が伴う。

ビル一棟レベルで取り組むにしても、ビルの所有者(所有会社)やテナント企業の理解とやる気が必要となる。

世の中のすべての人、すべての企業・組織が「地球温暖化防止のためにCO$_2$を削減しよう」と常に考えているのであれば、問題はない。

しかし、もしそうなら、いまごろはとっくに地球規模でのカーボンニュートラルが達成され、地球温暖化問題は解決しているはずだ。

残念ながら、そうはなっていない。

やはり、カーボンニュートラルに取り組むモチベーションが必要になってくるのだ。

ある程度、軌道に乗るまでは、どうしても目に見えるメリットが必要になるだろう。

例えば、テナントビル一棟での取り組みなら、ビル全体で一定量の「グリーンコイン」が集まったら、ビルのオーナーの固定資産税を減税するとか、炭素税が導入された場合には、その炭素税を減税するといったことがあり得よう。

ビルのオーナーがそうしたメリットを得るには、テナントレベルでのカーボンニュートラルが必要になるので、テナントにとってのメリットも重要となってくる。

これは、オーナーがテナントに対して行うことになるのだろうが、例えば、「グリーンコイン」をたくさん集めたテナントには、その分、家賃を割引くとか、敷金にプラスするとか、わかりやすいメリットを打ち出す必要があるだろう。

本来は、「グリーンコイン」の情報的価値と、「お金」という物理的価値は完全に切り分けるべきなのだが、コイン自体の売買や譲渡・貸借等ができないようにしておけば、「グリーンコイン」を集めるメリットとしての金銭的割引くらいまでは許容範囲と言えるだろう。

3つ目の段階としては、国全体での話になる。

例えば、CO_2排出量やグリーンコインの収集量などを「有価証券報告書」に記載するといったことが実現するなどだ。

法的に義務付けられれば、さらに言うことなしだろう。

法的な義務付けでなくても、投資家がその基準を重視して投資先を決めるようになれば、企業の側が自主的に記載するようになる。

似た例としては、最近、有価証券報告書に「サイバーセキュリティー」について積極的に書かれるようになっている事例がある。

これは私自身が、長年、その必要性を政府に働きかけてきたものでもある。投資家やステークホルダーがサイバーセキュリティーの重要性を認めるようになり、会社の健康状態を判断する基準の一つにサイバーセキュリティーが大きく関わるようになったからだ。

すると、サイバーセキュリティー・コンサルタントという職業が成り立つようにもなった。

「グリーンコイン」の収集量が、投資家やステークホルダーにとって、企業の健康状態を見極めるための大きな指標となれば、グリーン・コンサルタント（グリーンコイン・コンサルタント）のような職業も成り立つようになるだろう。

投資家の評価がグリーンコインの収集量に左右されるようになれば、グリーンコインの収集量が多い企業に投資が集まるようになる。

当然、エコロジー意識の高い企業の投資額が増える。

私がこれまで提案してきた循環林業への投資も増えることになるだろう。

さらには、多くのファンドが、安定した投資先として、ポートフォリオに組み込むようになる。

そうなれば、投資額はさらに大きくなっていくだろう。

すでにある「ESG投資（従来の財務情報だけでなく、環境（Environment）・社会（Social）・ガバナンス（Governance）要素も考慮した投資のこと）」がさらに活発になるイメージだ。

ここには、義務付けとまではならなくても、ある程度は政府の動きが必要になってくるし、すでに政府も動き出している。

例えば、経済産業省は、NEDO（国立研究開発法人新エネルギー・産業技術総合開発機構）に2兆円の「グリーンイノベーション基金」をつくり、カーボンニュートラルに取り組む企業に対して、10年間、研究開発・実証から社会実装までを支援する。

政府としては、これは呼び水であり、実際にはこの数倍もの金額が動くことを狙っている。

まず政府が筋道をつくり、民間投資があとから続いてくれることを期待しているわけだ。

うまく軌道に乗れば、世界からの投資も見込めるだろう。

ＧＳＩＡ（Global Sustainable Investment Alliance）の報告書「2018 GLOBAL SUSTAINABLE INVESTMENT REVIEW」によれば、２０１８年における世界のＥＳＧ投資額は、３４００兆円超という。

さらに、同報告書によれば、２０１６年から２０１８年の2年間で、世界のＥＳＧ投資は34％成長、日本だけなら2年間で、３００％成長だったという（ただし、日本の場合は、元々が小さいので、急成長に見えるという側面はある）。

その後も成長を続けており、今後もしばらくは続くと見られるので、想定以上の投資が見込めるかもしれない。

また、先ほど少しだけ触れたが、政府の動きとして「炭素税」導入の可能性も考えておかなければなるまい。

日本ではまだ（２０２1年5月現在）導入されていないが、世界では炭素税導入が広がっている。

そうした世界の流れを見れば、日本においても早晩、炭素税が導入されることになるのではないだろうか。

一説によると、日本でも2020年の中頃に炭素税が導入される予定だったという話もある。

だが、コロナ禍によって、議論自体が先延ばしになってしまったようだ。

炭素税を導入するにあたっての最大の問題は、先にも触れたように、CO_2排出量をいかに正確に数値化するかということだ。

実際にはそれほど排出していないのに、計算上、多くの排出量があるとされて炭素税が過重に課せられるなどということがあってはならない。

税は公平でなければならない。

ここで力を発揮するのが、先ほどから述べている「負のグリーンコイン」であり、「負のグリーンコイン」を発行する際に必要なCO_2排出量を数値で評価するための機材(「CO_2カメラ」のようなもの)である。

ただし、炭素税が導入されても、狙い通りにCO_2が削減できるかどうかはわからない。

炭素税には「CO_2排出権売買」と似たところがあり、結局は「お金（税金）を払えばCO_2を出してもいい」ということになってしまう。

物理的価値である「お金」さえあれば、事実上、CO_2は出し放題というのでは、まったく意味がない。

炭素税は、諸刃の剣でもあるのだ。

ここで、そのカウンターパートとしての「グリーンコイン」が必要になる。

「負のグリーンコイン」収集者（グリーンコインの値がマイナスの人）には炭素税がかかるが、そもそも「グリーンコイン」なしでは買えないものがあるようにすれば、みんな「グリーンコイン」を集めるようになるはずだ。

あるいは、炭素税の一部は「グリーンコイン」でしか支払えないといった制度にすることも一考の余地がある。

もちろん、「グリーンコイン」は売買や譲渡ができないので、自力でCO_2の吸収に取り組む必要がある。

「ひやっしー」を大量導入すればクリアできるという意味では、お金で何とかなるのだが、実際にCO_2を回収するのだから問題はない。

政府には、単純に「炭素税」を導入するだけでなく、こうした「CO_2吸収」の側面まで含めた法整備をお願いしたい。

暗号通貨技術のさらなる可能性

「グリーンコイン」の使い道として、「グリーンコインがないと買えないものをつくる」という話をしてきた。

法律で、生産・輸送時のCO_2排出量が多い製品については、物理的価値としての「お金」だけでなく、情報的価値としての「グリーンコイン」をも同時に支払わなければならないと決める。

こうすることで、「儲かれば何でもあり」の資本主義から一歩進んだ「グリーン経済」

「グリーン資本主義」が誕生することになるだろう。

この発想は、実はCO_2排出だけにとどまらず、さまざまな分野に応用が可能だと考えている。

例えば、私の会社（コグニティブリサーチラボ）では、「食糧問題を解決するためのデジタルコイン（フードコイン）」を構想中だ。

まだまだ構想段階だが、例えば、フードロスを減らすことを目的として、スーパーマーケットやコンビニエンスストアで賞味期限の近い弁当などの食料品を購入することでこのフードコインを手に入れることができるようにする（実践例を次項で紹介する）。

賞味期限が近ければ近いほど、フードコインをたくさんもらえるようにする。

フードコイン獲得者は何らかの形でメリット（金銭的なものでないもの）を得られるようにし、同時に実際に飢餓で困っている人がいる地域への食糧支援に利用できるようにする。

また、教育格差を是正するために、誰かに勉強などを教えた人に「教育コイン」を発行するという構想もある。

よく言われるが、東京大学の学生の親の年収は、国民全体の平均年収よりもはるかに高いというデータがある。

つまり、親が高収入であることは、いい教育（東京大学に行くことだけがいい教育というわけではないが、小・中・高と高度な教育を受けてきたことは事実）を受けるための大いなるアドバンテージになっている。

しかし、本来、教育とは国民の権利であり、機会は均等であるべきだ。

これは、国全体の問題としても必要なことである。

もし高度な教育が受けられていたら、才能を開花させ、その才能を日本全体（日本国民全体）のために役立たせることができていたかもしれないのに、親の収入が高くなかったというだけで高度な教育が受けられず、その才能を埋もれさせてしまったとしたら、国としても大いなる損失であろう。

お金を出せばいい教育を受けられるというのが、現在の資本主義の仕組みだが、それだけではない（お金がなくてもいい教育が受けられる）社会にしていきたいという思いがある。

そのために「教育コイン」がその一翼を担う存在になってくれればと思う。

すでに動き始めたグリーンコイン

さて、グリーンコインの実用化は、すでに具体的に動き始めている。

現在、某流通大手と協力して、その会社が持つ大型店舗を利用し、「グリーンコイン」が利用できるようにする仕組みづくりが進んでいるのだ。

いきなり、大型店舗全体で利用できるようにするには、まだまだ越えなければならないハードルがあるので、現状では、特設のイベント会場内で「グリーンコイン」が利用できるような形を考えている。

この企画には、イタリア王家サヴォィア家の協力も得られることになっている。

サヴォィア家は慈善活動にとても力を入れており、もちろん、地球温暖化防止、あるいはフードロスの削減などにも非常に力を入れている。

また、昨今、王太子（現当主の長男）エマヌエーレ・フィリベルト氏が、フード事業を起ち上げ、プリンス・オブ・ヴェネツィア・フードトラック社（Prince of Venice Food Truck）を設立した。

これは、「王室基準のイタリア本場パスタを誰もが気軽に食べられる場をつくりたい」というコンセプトで始められた事業で、移動式のフードトラックを利用して、あちこち移動しながら「王室基準のイタリア本場パスタ」をリーズナブルな価格で提供している。

このフードトラック事業と、某流通大手の大型店舗、そしてグリーンコインを合体させた企画が進められているのだ。

まだまだ詳細は詰められていない部分もあるので、概要だけの説明で恐縮だが、一言で言うと「環境にいい活動をしたら、グリーンコインが発行され、そのグリーンコインを使って、『王室基準のイタリア本場パスタ』を食べることができる」というものだ。

これも例えばという話だが、「大型店舗内の食品売り場で、期限切れが近い商品をあえて購入することでグリーンコインを得ることができ、そのグリーンコインを利用して『王室基準のイタリア本場パスタ』を食べることができるようにする」といったことを考えている。

現状、流通大手の店舗では、賞味期限切れの食品によるフードロスが少なからず発生しているが、これは環境問題、そして貧困問題、格差問題にもつながる深刻な事態であると同時に、店舗にとっては「売れ残り」となるため、「売上ロス（利益ロス）」でもあると言える。

つまり、フードロスを減らすことは、店舗の売上（利益）向上にもつながる。

サヴォイア家にとっては、フードロスを減らすという社会活動になると同時に、本場のイタリアン・パスタを少なからず宣伝することにもなり、うまくいけば、将来的に日本での事業展開へという道も見えてくるかもしれない。

会場を提供する某流通大手、お客さん、そしてフードトラックを提供するサヴォイア家の３者がまさに「Win-Win-Win」の関係を築けるものになっている。

一例として「賞味期限の近い食品の購入によるフードロスの削減」を挙げたが、さらにここに「ひやっしー」を使うことも考えている。

例えば、大型店舗のテナントが店舗内に「ひやっしー」を導入して、直接的にCO_2を削減すると、その分の「グリーンコイン」が店舗に支給されるという仕組みだ。これをさきほどの「パスタ」に交換してもいいし、あるいは大家である某流通大手が何らかの形で還元する（例えば、テナント料の割引など）というのでもいいかもしれない。

テナント料の割引は、大家である某流通大手にとっては収入減になってしまうが、ここは「サステナブル活動への貢献」を国が認めて、減税などの措置がなされるとスムーズに進むことだろう。

電気自動車購入への補助金などよりは、ずっと効果のある政策と言えるだろう。

フィリベルト王太子のパスタ事業
Facebook@PrinceOf VeniceRestaurantより

GDPからGGPへ

世界各国は、現在でも経済成長を競い合っている。各メディアも、毎年、政府によって算出された「経済成長率」を発表し、一喜一憂している。

経済成長とは、具体的には「GDP（Gross Domestic Product：国内総生産）」を増やすことだ。

だから、経済成長率とは「GDPの増加率（変化率）」のことを指す。「GDP」を増やすためには、「消費」と「投資（株式投資ではなく、設備投資や住宅投資など）」を増やすことになる。

当然ながら、そこには環境負荷がかかってくる。

つまり、経済成長を目指す限り、環境負荷を減らすことは難しい。

そこで提案したいのが、「GGP」という概念である。

「GGP」とは「Gross Green Product」の略、訳せば「エコロジー（グリーン）総生産」とでもなろうか。

世界的に、「ＧＤＰ」からこの「ＧＧＰ」へと置き換えていくようにしてはどうかということだ。

要するに、マクロ的な「エコロジー（グリーン）」な活動（サステナブル活動）の合計をしっかりと数値化して、国として発表し、各国はその増加率を競い合うような世界にするのである。

結果、「経済成長率」は「エコロジー（グリーン）成長率」に置き換わり、サステナブルな活動をしている国こそが、「豊かな国」と認識されるようになるというわけだ。


ただし、やはり国が積極的に関わらない限り、難しい。

具体的には、グリーンコインを集めることが、何らかの形で「利益」となるように、国が仕組みをつくることだ。

消費者の場合は、国の規制によって、いくつかの商品（生活必需品なら効果大）について、グリーンコインがないと買えないようにする。

買いたい人は、頑張ってグリーンコインを集める。

ここでも、格差が広がらないように、生活困窮者に対しては国がコインを支給するのでもいいだろう。

店舗などの事業者の場合は、従業員などに還元してもいいし、仕入れなどに使えるようにしてもいい。

ただ、最も効果的なのは「国による買取」、例えば「減税」に使えるようにするなどである。

本来、「円との交換」はできないのが望ましいのだが、炭素税減税の例で先ほども述べたように、「減税」ならば許容範囲と言えるだろう。

「グリーンコイン」に対する「国のお墨付きがある」という、強いメッセージにもなる。

ただし、「減税」だけでは赤字の事業者にはメリットがなくなるので、赤字業者に限り、円との交換を認めてもいいかもしれない。

これまでは、日銀がGDPの成長に応じて「円」を発行するために国債の買い取りをし、企業の経済活動を刺激してきたが、これからは「ＧＧＰ」の成長に応じて、グリーンコインを買い取って（減税して）、企業のサステナブル活動を刺激する（減税や円の支給をするので、経済活動も刺激される）。

日本だけではうまくいかないかもしれないが、まずは日本が先駆けて開始し、お手本を示すことで、世界を変えていけるかもしれない。

数十年後、私たちの孫の世代の人たちは、「あのとき、ＧＤＰからＧＧＰへの転換があったおかげで、いま、こんなに住みやすい地球になったんだ」と思ってくれることだろう。

将来世代によりよい地球環境を手渡すためにも、いまこそ動き出す時だ。

「自分たちだけが儲かればいい」と思っている「電気自動車メーカー」の言いなりになるのではなく、本当の意味での「サステナブル」を実現するために、いま私たちは何をすべきかを考え、発信し、行動していこう。

あとがき

２０２１年３月28日付け「読売新聞」のネットニュースに、「温室ガス排出量取引促す新市場創設へ、政府調整」という記事が出た。

記事には「政府は２０５０年までの温室効果ガス排出の実質ゼロに向け、22年度を目標に企業が排出量を取引できる新たな市場を創設する方向で調整に入った。削減目標を超えて排出量を減らした企業が、その分を目標達成できなかった企業に売却できる仕組みだ。削減目標や売却価格などを設定しやすいように政府が指針をつくり、官民で脱炭素に取り組む」「取引市場では、温室効果ガスの削減努力をした企業が対価を得られるため、さらなる削減への動機づけとなる。政府は、国内の温室効果ガスの9割以上を占める企業からの排出の削減につなげたい考えだ。経済産業省が夏までに新たな市場の概要を公表し、政府の成長戦略に盛り込む」とある。

本文中で述べたとおり、CO_2排出権取引とは、CO_2を削減するための取り組みではなく、単に中国に工場を持つCO_2出し放題の企業が金銭的な利益を得るための仕組みである。

せっかく削減したCO_2を売って、他の企業が排出するのでは、CO_2削減にはなるまい。

つまり、日本政府は相も変わらず、CO_2削減を本気でやるつもりなどないのだ。

本書をここまで読まれた読者の方々は、こうした政府のおかしな政策に怒りや失望を感じておられると思う。

そして、循環林業の可能性、CO_2回収マシンとグリーンコインの可能性について、ご理解いただけたと思う。

政府が相変わらずであるなら、国民の方が先に変わっていくしかない。

そして、どんどん声を挙げてほしい。

いまはＳＮＳ等で誰でも声を挙げられる時代だ。

そして、それが束になれば、政治をも動かせる大きな力となり得る。

新たな民主主義は、国会に任せるだけではなく、SNS等で国民一人一人が直接声を挙げる「デジタル直接民主主義」に移行しつつある。

「エコロジー」という美名を使い、人々が反対しづらい状況をつくって自らのビジネスを拡大するような、アンフェアな勢力に「束になって」対抗していこう。

そして、本当の意味でのエコロジーを、私たちの手で進めていこう。

苫米地英人

[著者紹介]

苫米地英人（とまべち・ひでと）

認知科学者（計算言語学・認知心理学・機能脳科学・離散数理科学・分析哲学）。カーネギーメロン大学博士（Ph.D.）、同CyLabフェロー、ジョージメイソン大学C4I&サイバー研究所研究教授、早稲田大学研究院客員教授、公益社団法人日本ジャーナリスト協会代表理事、コグニティブリサーチラボ株式会社CEO兼基礎研究所長。

マサチューセッツ大学を経て上智大学外国語学部英語学科卒業後、三菱地所へ入社、財務担当者としてロックフェラーセンター買収等を経験、三菱地所在籍のままフルブライト全額給付特待生としてイエール大学大学院計算機科学博士課程に留学、人工知能の父と呼ばれるロジャー・シャンクに学ぶ。

同認知科学研究所、同人工知能研究所を経て、コンピュータ科学と人工知能の世界最高峰カーネギーメロン大学大学院博士課程に転入。計算機科学部機械翻訳研究所（現Language Technology Insitute）等に在籍し、人工知能、自然言語処理、ニューラルネットワーク等を研究、全米で4人目、日本人として初の計算言語学の博士号を取得。 帰国後、徳島大学助教授、ジャストシステム基礎研究所所長、同ピッツバーグ研究所取締役、通商産業省情報処理振興審議会専門委員などを歴任。

また、晩年のルータイスの右腕として活動、ルータイスの指示により米国認知科学の研究成果を盛り込んだ最新の能力開発プログラム「TPIE」、「PX2」、「TICE」コーチングなどの開発を担当。その後、全世界での普及にルータイスと共に活動。現在もルータイスの遺言によりコーチング普及後継者として全世界で活動中。

サヴォイア王家諸騎士団日本代表、聖マウリツィオ・ラザロ騎士団大十字騎士。近年では、サヴォイア王家によるジュニアナイト養成コーチングプログラムも開発。日本でも完全無償のボランティアプログラムとしてPX2と並行して普及活動中。

地球にやさしい「本当のエコ」

2021年10月20日　初版第1刷発行

著　　者 ── 苫米地英人
発 行 者 ── 揖斐　憲
編集協力 ── 木村俊太
表紙イラスト ── きたざわけんじ
装　　丁 ── 坂本龍司（cyzo inc.）
図版イラスト ── 熊井俊祐（cyzo inc.）
発 行 所 ── 株式会社サイゾー
〒150-0043 東京都渋谷区道玄坂 1-19-2-3F
電話 03-5784-0790（代表）

印刷・製本 ── 株式会社シナノパブリッシングプレス

ISBN 978-4-86625-145-5　C0036